My MATH DRILLS WORKBOOK

TIMED MULTIPLICATION WORKSHEETS

REPRODUCIBLE PRACTICE PROBLEMS
(TESTS WITH ANSWERS)

KAROL MORRIS

My Math Drills Workbook – Timed Multiplication Worksheets:
Reproducible Practice Problems (Tests with Answers)

Requests for permission should be sent to:
karol@lastminutemathtutoring.com

ISBN: 978-1-953361-01-1

Table of Contents

Download Your Free Division Drills!

LINK

JOIN MY NEWSLETTER

Get your FREE copy of Division Math Drills (Tests with Answers)

https://BookHip.com/VAPDWW

Daily timed math drills provide the repetition needed to memorize math facts and develop math fluency. This book contains 14 days of timed division worksheets (covering 0-13 division facts). All answer keys are included.

NOTE TO TEACHERS, STUDENTS, AND PARENTS

Daily timed math drills provide the repetition needed to memorize math facts and develop math fluency. This workbook contains over 75 days of timed multiplication worksheets, covering 0-13 multiplication facts. Use these reproducible practice problems for skill development or testing. All answer keys are included in the back.

Teachers and parents may reproduce these timed math tests as needed for their own students and children. This workbook uses an instructional process that the Author has successfully utilized over 25 years as a math instructor. This unique method builds math skills daily while reinforcing math facts learned on prior days.

First, students practice timed multiplication facts involving 0 – 9. Then, multiplication facts of numbers 10 – 13 are introduced. Each number 0 – 13 is practiced four days in a row. To reinforce prior learning, two cumulative multiplication drills are provided after each new number is introduced. Using this repetitive process, students gradually build their multiplication skills by one number at a time while reinforcing earlier multiplication facts mastered.

HOW TO USE THIS WORKBOOK

Set a goal for students to complete one timed multiplication drill per day. Keep track of the time as well as the number of problems answered correctly. Between drills, students may review the multiplication tables provided at the front of the workbook.

Encourage your students to decrease their time while increasing the number of problems answered correctly. Make math fun – set goals and reward students for their progress!

MULTIPLICATION TABLE

×	0	1	2	3	4	5	6	7	8	9	10	11	12	13
0	0	0	0	0	0	0	0	0	0	0	0	0	0	0
1	0	1	2	3	4	5	6	7	8	9	10	11	12	13
2	0	2	4	6	8	10	12	14	16	18	20	22	24	26
3	0	3	6	9	12	15	18	21	24	27	30	33	36	39
4	0	4	8	12	16	20	24	28	32	36	40	44	48	52
5	0	5	10	15	20	25	30	35	40	45	50	55	60	65
6	0	6	12	18	24	30	36	42	48	54	60	66	72	78
7	0	7	14	21	28	35	42	49	56	63	70	77	84	91
8	0	8	16	24	32	40	48	56	64	72	80	88	96	104
9	0	9	18	27	36	45	54	63	72	81	90	99	108	117
10	0	10	20	30	40	50	60	70	80	90	100	110	120	130
11	0	11	22	33	44	55	66	77	88	99	110	121	132	143
12	0	12	24	36	48	60	72	84	96	108	120	132	144	156
13	0	13	26	39	52	65	78	91	104	117	130	143	156	169

MULTIPLICATION TABLES

0x	1x	2x	3x
0 × 1 = 0	1 × 1 = 1	2 × 1 = 2	3 × 1 = 3
0 × 2 = 0	1 × 2 = 2	2 × 2 = 4	3 × 2 = 6
0 × 3 = 0	1 × 3 = 3	2 × 3 = 6	3 × 3 = 9
0 × 4 = 0	1 × 4 = 4	2 × 4 = 8	3 × 4 = 12
0 × 5 = 0	1 × 5 = 5	2 × 5 = 10	3 × 5 = 15
0 × 6 = 0	1 × 6 = 6	2 × 6 = 12	3 × 6 = 18
0 × 7 = 0	1 × 7 = 7	2 × 7 = 14	3 × 7 = 21
0 × 8 = 0	1 × 8 = 8	2 × 8 = 16	3 × 8 = 24
0 × 9 = 0	1 × 9 = 9	2 × 9 = 18	3 × 9 = 27
0 × 10 = 0	1 × 10 = 10	2 × 10 = 20	3 × 10 = 30
0 × 11 = 0	1 × 11 = 11	2 × 11 = 22	3 × 11 = 33
0 × 12 = 0	1 × 12 = 12	2 × 12 = 24	3 × 12 = 36
0 × 13 = 0	1 × 13 = 13	2 × 13 = 26	3 × 13 = 39

4x	5x	6x	7x
4 × 1 = 4	5 × 1 = 5	6 × 1 = 6	7 × 1 = 7
4 × 2 = 8	5 × 2 = 10	6 × 2 = 12	7 × 2 = 14
4 × 3 = 12	5 × 3 = 15	6 × 3 = 18	7 × 3 = 21
4 × 4 = 16	5 × 4 = 20	6 × 4 = 24	7 × 4 = 28
4 × 5 = 20	5 × 5 = 25	6 × 5 = 30	7 × 5 = 35
4 × 6 = 24	5 × 6 = 30	6 × 6 = 36	7 × 6 = 42
4 × 7 = 28	5 × 7 = 35	6 × 7 = 42	7 × 7 = 49
4 × 8 = 32	5 × 8 = 40	6 × 8 = 48	7 × 8 = 56
4 × 9 = 36	5 × 9 = 45	6 × 9 = 54	7 × 9 = 63
4 × 10 = 40	5 × 10 = 50	6 × 10 = 60	7 × 10 = 70
4 × 11 = 44	5 × 11 = 55	6 × 11 = 66	7 × 11 = 77
4 × 12 = 48	5 × 12 = 60	6 × 12 = 72	7 × 12 = 84
4 × 13 = 52	5 × 13 = 65	6 × 13 = 78	7 × 13 = 91

MULTIPLICATION TABLES

8 x	9 x	10 x	11 x
8 × 1 = 8	9 × 1 = 9	10 × 1 = 10	11 × 1 = 11
8 × 2 = 16	9 × 2 = 18	10 × 2 = 20	11 × 2 = 22
8 × 3 = 24	9 × 3 = 27	10 × 3 = 30	11 × 3 = 33
8 × 4 = 32	9 × 4 = 36	10 × 4 = 40	11 × 4 = 44
8 × 5 = 40	9 × 5 = 45	10 × 5 = 50	11 × 5 = 55
8 × 6 = 48	9 × 6 = 54	10 × 6 = 60	11 × 6 = 66
8 × 7 = 56	9 × 7 = 63	10 × 7 = 70	11 × 7 = 77
8 × 8 = 64	9 × 8 = 72	10 × 8 = 80	11 × 8 = 88
8 × 9 = 72	9 × 9 = 81	10 × 9 = 90	11 × 9 = 99
8 × 10 = 80	9 × 10 = 90	10 × 10 = 100	11 × 10 = 110
8 × 11 = 88	9 × 11 = 99	10 × 11 = 110	11 × 11 = 121
8 × 12 = 96	9 × 12 = 108	10 × 12 = 120	11 × 12 = 132
8 × 13 = 104	9 × 13 = 117	10 × 13 = 130	11 × 13 = 143

12 x	13 x
12 × 1 = 12	13 × 1 = 13
12 × 2 = 24	13 × 2 = 26
12 × 3 = 36	13 × 3 = 39
12 × 4 = 48	13 × 4 = 52
12 × 5 = 60	13 × 5 = 65
12 × 6 = 72	13 × 6 = 78
12 × 7 = 84	13 × 7 = 91
12 × 8 = 96	13 × 8 = 104
12 × 9 = 108	13 × 9 = 117
12 × 10 = 120	13 × 10 = 130
12 × 11 = 132	13 × 11 = 143
12 × 12 = 144	13 × 12 = 156
12 × 13 = 156	13 × 13 = 169

This book belongs to

____

8 x 2 =   7 x 3 =   12 x 4 =

Timed
MULTIPLICATION WORKSHEETS

DAY: 1

NAME: ____________________ TIME: ____ : ____ SCORE: ________

MULTIPLY 0 - 1

1) 0 x 2	2) 8 x 1	3) 4 x 1	4) 0 x 5	5) 0 x 7	6) 6 x 1
7) 6 x 0	8) 1 x 6	9) 7 x 0	10) 1 x 9	11) 3 x 0	12) 1 x 0
13) 0 x 0	14) 3 x 1	15) 0 x 1	16) 1 x 1	17) 0 x 6	18) 2 x 1
19) 8 x 0	20) 0 x 7	21) 8 x 0	22) 1 x 3	23) 4 x 0	24) 1 x 4
25) 0 x 5	26) 1 x 1	27) 0 x 0	28) 6 x 1	29) 0 x 3	30) 7 x 1
31) 1 x 0	32) 1 x 3	33) 2 x 0	34) 1 x 7	35) 5 x 0	36) 1 x 8
37) 0 x 8	38) 0 x 6	39) 9 x 1	40) 0 x 9	41) 5 x 1	42) 0 x 4

DAY: 2

NAME: ______________________ TIME: ____ : ____ SCORE: ________

MULTIPLY 0 - 1

1) 9 x 0	2) 1 x 2	3) 1 x 5	4) 2 x 0	5) 1 x 4	6) 0 x 3
7) 0 x 2	8) 8 x 1	9) 0 x 6	10) 4 x 1	11) 0 x 7	12) 6 x 1
13) 1 x 8	14) 0 x 5	15) 9 x 1	16) 0 x 9	17) 3 x 1	18) 0 x 4
19) 6 x 0	20) 1 x 0	21) 3 x 0	22) 1 x 9	23) 7 x 0	24) 1 x 6
25) 1 x 0	26) 1 x 3	27) 8 x 0	28) 1 x 7	29) 5 x 0	30) 1 x 8
31) 7 x 1	32) 0 x 5	33) 1 x 1	34) 0 x 3	35) 2 x 1	36) 0 x 0
37) 8 x 0	38) 0 x 7	39) 1 x 0	40) 1 x 5	41) 4 x 0	42) 1 x 4

DAY: 3

NAME: ____________________ TIME: ____ : ____ SCORE: ________

MULTIPLY 0 - 1

1) 1 x 0	2) 1 x 3	3) 2 x 0	4) 1 x 7	5) 5 x 0	6) 1 x 8
7) 3 x 0	8) 9 x 0	9) 1 x 6	10) 7 x 0	11) 1 x 9	12) 6 x 0
13) 0 x 5	14) 1 x 1	15) 0 x 3	16) 5 x 1	17) 0 x 0	18) 7 x 1
19) 0 x 2	20) 0 x 7	21) 8 x 1	22) 4 x 1	23) 0 x 9	24) 6 x 1
25) 4 x 0	26) 1 x 2	27) 1 x 5	28) 2 x 0	29) 1 x 1	30) 3 x 0
31) 8 x 0	32) 0 x 7	33) 1 x 0	34) 1 x 4	35) 4 x 0	36) 1 x 3
37) 0 x 0	38) 3 x 1	39) 0 x 1	40) 1 x 1	41) 2 x 1	42) 0 x 6

DAY: 4

NAME: ______________________ TIME: ____ : ____ SCORE: ________

MULTIPLY 0 - 1

1) 0 x 9	2) 3 x 1	3) 0 x 3	4) 0 x 8	5) 5 x 0	6) 9 x 1
7) 4 x 1	8) 0 x 7	9) 6 x 1	10) 0 x 2	11) 8 x 1	12) 0 x 5
13) 6 x 1	14) 7 x 1	15) 6 x 0	16) 0 x 0	17) 1 x 5	18) 1 x 1
19) 1 x 9	20) 3 x 0	21) 1 x 0	22) 6 x 0	23) 1 x 6	24) 7 x 0
25) 2 x 0	26) 1 x 2	27) 1 x 7	28) 0 x 4	29) 3 x 0	30) 1 x 5
31) 1 x 1	32) 0 x 6	33) 2 x 1	34) 0 x 0	35) 3 x 1	36) 0 x 1
37) 1 x 3	38) 4 x 0	39) 1 x 4	40) 8 x 0	41) 0 x 7	42) 0 x 0

DAY: 5

NAME: ______________________ TIME: ___ : ___ SCORE: ________

MULTIPLY 2

1) 2 x 2	2) 8 x 2	3) 2 x 5	4) 4 x 2	5) 2 x 7	6) 6 x 2
7) 5 x 2	8) 2 x 3	9) 7 x 2	10) 2 x 9	11) 3 x 2	12) 2 x 0
13) 9 x 2	14) 2 x 1	15) 0 x 2	16) 2 x 2	17) 6 x 2	18) 2 x 2
19) 8 x 2	20) 2 x 7	21) 4 x 2	22) 2 x 3	23) 8 x 2	24) 2 x 4
25) 2 x 5	26) 1 x 2	27) 2 x 0	28) 2 x 2	29) 0 x 2	30) 2 x 6
31) 1 x 2	32) 2 x 9	33) 5 x 2	34) 2 x 7	35) 6 x 2	36) 2 x 8
37) 2 x 7	38) 0 x 2	39) 2 x 9	40) 4 x 2	41) 2 x 1	42) 2 x 3

DAY: 6

NAME: ______________________ TIME: ____ : ____ SCORE: ________

MULTIPLY 2

1) 2 x 5	2) 1 x 2	3) 9 x 2	4) 2 x 8	5) 0 x 2	6) 2 x 2
7) 6 x 2	8) 2 x 3	9) 7 x 2	10) 2 x 9	11) 3 x 2	12) 2 x 0
13) 8 x 2	14) 2 x 7	15) 4 x 2	16) 2 x 2	17) 8 x 2	18) 2 x 4
19) 2 x 7	20) 0 x 2	21) 2 x 9	22) 4 x 2	23) 2 x 1	24) 6 x 2
25) 2 x 0	26) 1 x 2	27) 2 x 5	28) 2 x 2	29) 9 x 2	30) 3 x 2
31) 5 x 2	32) 2 x 3	33) 2 x 4	34) 2 x 7	35) 6 x 2	36) 2 x 8
37) 2 x 1	38) 8 x 2	39) 2 x 5	40) 4 x 2	41) 2 x 7	42) 6 x 2

DAY: 7

NAME: ____________________ TIME: ____ : ____ SCORE: ________

MULTIPLY 2

1) 2 x 1	2) 8 x 2	3) 2 x 5	4) 4 x 2	5) 2 x 7	6) 6 x 2
7) 2 x 0	8) 1 x 2	9) 2 x 5	10) 2 x 2	11) 9 x 2	12) 3 x 2
13) 2 x 5	14) 2 x 2	15) 2 x 0	16) 2 x 8	17) 2 x 2	18) 2 x 6
19) 9 x 2	20) 2 x 1	21) 0 x 2	22) 2 x 3	23) 6 x 2	24) 2 x 2
25) 1 x 2	26) 2 x 3	27) 5 x 2	28) 2 x 7	29) 6 x 2	30) 2 x 8
31) 8 x 2	32) 2 x 7	33) 4 x 2	34) 2 x 3	35) 9 x 2	36) 2 x 4
37) 6 x 2	38) 2 x 2	39) 7 x 2	40) 2 x 9	41) 3 x 2	42) 2 x 0

DAY: 8

NAME: ______________________ TIME: ____ : ____ SCORE: ________

MULTIPLY 2

1) 6 x 2	2) 3 x 2	3) 7 x 2	4) 2 x 9	5) 5 x 2	6) 2 x 8
7) 2 x 0	8) 1 x 2	9) 2 x 5	10) 2 x 2	11) 9 x 2	12) 3 x 2
13) 8 x 2	14) 2 x 7	15) 4 x 2	16) 2 x 3	17) 2 x 2	18) 2 x 4
19) 2 x 7	20) 0 x 2	21) 2 x 9	22) 4 x 2	23) 2 x 1	24) 2 x 2
25) 1 x 2	26) 2 x 3	27) 5 x 2	28) 2 x 7	29) 6 x 2	30) 2 x 8
31) 9 x 2	32) 2 x 1	33) 0 x 2	34) 2 x 3	35) 8 x 2	36) 2 x 2
37) 2 x 5	38) 1 x 2	39) 2 x 4	40) 2 x 9	41) 2 x 0	42) 2 x 6

DAY: 9

NAME: ____________ TIME: ___ : ___ SCORE: ________

MULTIPLY 0 - 2

1)	2)	3)	4)	5)	6)
0 x 6	1 x 1	8 x 2	0 x 5	9 x 1	0 x 3

7)	8)	9)	10)	11)	12)
9 x 0	1 x 8	4 x 1	1 x 2	1 x 5	6 x 1

13)	14)	15)	16)	17)	18)
8 x 2	2 x 9	4 x 0	2 x 3	7 x 2	3 x 2

19)	20)	21)	22)	23)	24)
1 x 0	1 x 7	3 x 0	4 x 2	2 x 0	2 x 6

25)	26)	27)	28)	29)	30)
2 x 5	1 x 1	0 x 2	1 x 3	6 x 1	5 x 0

31)	32)	33)	34)	35)	36)
8 x 0	2 x 7	4 x 0	0 x 7	1 x 0	1 x 4

37)	38)	39)	40)	41)	42)
9 x 2	2 x 5	6 x 2	8 x 1	0 x 6	1 x 9

DAY: 10

NAME: ____________________ TIME: ____ : ____ SCORE: ________

MULTIPLY 0 - 2

1) 5 x 2	2) 0 x 0	3) 7 x 2	4) 8 x 1	5) 0 x 5	6) 0 x 7
7) 6 x 2	8) 2 x 9	9) 2 x 0	10) 2 x 4	11) 7 x 2	12) 3 x 2
13) 8 x 0	14) 2 x 2	15) 4 x 0	16) 0 x 6	17) 1 x 0	18) 1 x 4
19) 1 x 1	20) 1 x 7	21) 3 x 0	22) 1 x 3	23) 2 x 0	24) 8 x 2
25) 2 x 5	26) 2 x 1	27) 0 x 2	28) 4 x 2	29) 1 x 7	30) 2 x 6
31) 3 x 0	32) 1 x 8	33) 4 x 1	34) 0 x 0	35) 1 x 5	36) 6 x 1
37) 9 x 2	38) 2 x 3	39) 6 x 1	40) 2 x 1	41) 2 x 0	42) 2 x 2

DAY: 11

NAME: ______________________ TIME: ____ : ____ SCORE: ________

MULTIPLY 3

1) 1 x 3	2) 3 x 4	3) 6 x 3	4) 3 x 3	5) 8 x 3	6) 3 x 5
7) 3 x 9	8) 3 x 3	9) 3 x 0	10) 9 x 3	11) 3 x 2	12) 7 x 3
13) 0 x 3	14) 3 x 1	15) 5 x 3	16) 8 x 3	17) 6 x 3	18) 2 x 3
19) 7 x 3	20) 3 x 9	21) 4 x 3	22) 3 x 2	23) 3 x 8	24) 3 x 4
25) 3 x 0	26) 4 x 3	27) 3 x 5	28) 3 x 3	29) 0 x 3	30) 3 x 6
31) 1 x 3	32) 3 x 2	33) 5 x 3	34) 3 x 7	35) 6 x 3	36) 3 x 8
37) 4 x 3	38) 3 x 9	39) 8 x 3	40) 3 x 1	41) 2 x 3	42) 3 x 7

DAY: 12

NAME: ______________________ TIME: ____ : ____ SCORE: ________

MULTIPLY 3

1) 4 x 3	2) 3 x 7	3) 6 x 3	4) 3 x 9	5) 8 x 3	6) 3 x 5
7) 1 x 3	8) 3 x 2	9) 5 x 3	10) 3 x 7	11) 6 x 3	12) 3 x 8
13) 0 x 3	14) 3 x 1	15) 3 x 5	16) 3 x 3	17) 6 x 3	18) 2 x 3
19) 3 x 0	20) 1 x 3	21) 3 x 3	22) 3 x 1	23) 0 x 3	24) 3 x 6
25) 7 x 3	26) 3 x 5	27) 4 x 3	28) 3 x 2	29) 3 x 8	30) 3 x 4
31) 3 x 0	32) 1 x 3	33) 3 x 5	34) 3 x 3	35) 9 x 3	36) 3 x 6
37) 3 x 9	38) 3 x 3	39) 3 x 0	40) 4 x 3	41) 3 x 2	42) 7 x 3

DAY: 13

NAME: ____________________ TIME: ____ : ____ SCORE: ________

MULTIPLY 3

1) 4 x 3	2) 3 x 3	3) 6 x 3	4) 3 x 9	5) 8 x 3	6) 3 x 5
7) 7 x 3	8) 3 x 1	9) 5 x 3	10) 3 x 2	11) 6 x 3	12) 3 x 3
13) 3 x 8	14) 1 x 3	15) 3 x 4	16) 3 x 3	17) 0 x 3	18) 3 x 6
19) 4 x 3	20) 3 x 9	21) 8 x 3	22) 3 x 0	23) 2 x 3	24) 3 x 7
25) 7 x 3	26) 3 x 5	27) 4 x 3	28) 3 x 2	29) 9 x 3	30) 3 x 8
31) 3 x 9	32) 3 x 3	33) 3 x 0	34) 3 x 4	35) 3 x 2	36) 7 x 3
37) 3 x 0	38) 1 x 3	39) 3 x 5	40) 3 x 1	41) 0 x 3	42) 3 x 6

DAY: 14

NAME: ______________________ TIME: ____ : ____ SCORE: ________

MULTIPLY 3

1) 1 x 3	2) 3 x 2	3) 5 x 3	4) 3 x 7	5) 6 x 3	6) 3 x 8
7) 4 x 3	8) 3 x 7	9) 6 x 3	10) 3 x 1	11) 8 x 3	12) 3 x 5
13) 3 x 4	14) 3 x 9	15) 9 x 3	16) 3 x 8	17) 2 x 3	18) 3 x 7
19) 3 x 3	20) 1 x 3	21) 3 x 5	22) 3 x 3	23) 0 x 3	24) 3 x 6
25) 3 x 0	26) 1 x 3	27) 3 x 8	28) 2 x 3	29) 3 x 3	30) 3 x 2
31) 3 x 9	32) 3 x 3	33) 3 x 0	34) 9 x 3	35) 3 x 2	36) 7 x 3
37) 0 x 3	38) 3 x 5	39) 4 x 3	40) 3 x 3	41) 9 x 3	42) 3 x 4

DAY: 15

NAME: ____________________ TIME: ___ : ___ SCORE: ________

MULTIPLY 0 - 3

1) 1 x 3	2) 0 x 9	3) 5 x 2	4) 3 x 8	5) 6 x 3	6) 1 x 4
7) 2 x 6	8) 2 x 9	9) 1 x 0	10) 2 x 8	11) 7 x 2	12) 2 x 3
13) 0 x 0	14) 3 x 1	15) 0 x 2	16) 3 x 7	17) 8 x 3	18) 2 x 2
19) 2 x 4	20) 5 x 1	21) 7 x 2	22) 3 x 6	23) 0 x 4	24) 1 x 7
25) 6 x 2	26) 0 x 6	27) 3 x 5	28) 9 x 1	29) 3 x 3	30) 3 x 2
31) 3 x 9	32) 1 x 6	33) 3 x 0	34) 0 x 7	35) 2 x 5	36) 7 x 3
37) 1 x 1	38) 2 x 2	39) 4 x 3	40) 8 x 1	41) 8 x 0	42) 3 x 4

DAY: 16

NAME: ____________________ TIME: ___:___ SCORE: ________

MULTIPLY 0 - 3

1) $3 \times 8 =$

2) $6 \times 3 =$

3) $1 \times 4 =$

4) $4 \times 2 =$

5) $2 \times 9 =$

6) $1 \times 0 =$

7) $3 \times 7 =$

8) $2 \times 3 =$

9) $2 \times 2 =$

10) $1 \times 3 =$

11) $0 \times 5 =$

12) $5 \times 3 =$

13) $0 \times 0 =$

14) $3 \times 1 =$

15) $0 \times 2 =$

16) $3 \times 6 =$

17) $9 \times 3 =$

18) $1 \times 7 =$

19) $8 \times 0 =$

20) $2 \times 2 =$

21) $1 \times 0 =$

22) $2 \times 8 =$

23) $3 \times 2 =$

24) $4 \times 3 =$

25) $0 \times 9 =$

26) $1 \times 1 =$

27) $7 \times 2 =$

28) $0 \times 7 =$

29) $5 \times 3 =$

30) $6 \times 1 =$

31) $3 \times 3 =$

32) $2 \times 6 =$

33) $8 \times 1 =$

34) $1 \times 7 =$

35) $5 \times 0 =$

36) $4 \times 2 =$

37) $9 \times 2 =$

38) $0 \times 4 =$

39) $9 \times 1 =$

40) $0 \times 7 =$

41) $2 \times 5 =$

42) $7 \times 3 =$

DAY: 17

NAME: ______________________ TIME: ___ : ___ SCORE: ________

MULTIPLY 4

1) 4 x 5	2) 4 x 4	3) 4 x 0	4) 3 x 4	5) 1 x 4	6) 4 x 6
7) 1 x 4	8) 4 x 3	9) 2 x 4	10) 4 x 7	11) 6 x 4	12) 4 x 8
13) 7 x 4	14) 4 x 0	15) 9 x 4	16) 4 x 2	17) 4 x 9	18) 4 x 4
19) 4 x 9	20) 1 x 4	21) 4 x 5	22) 2 x 4	23) 4 x 8	24) 0 x 4
25) 4 x 1	26) 8 x 4	27) 4 x 5	28) 4 x 4	29) 4 x 7	30) 6 x 4
31) 4 x 6	32) 4 x 3	33) 7 x 4	34) 4 x 8	35) 4 x 4	36) 4 x 0
37) 8 x 4	38) 5 x 4	39) 0 x 4	40) 3 x 4	41) 6 x 4	42) 4 x 2

DAY: 18

NAME: ____________________ TIME: ____ : ____ SCORE: ________

MULTIPLY 4

1) 1 x 4	2) 4 x 6	3) 8 x 4	4) 4 x 9	5) 2 x 4	6) 4 x 0
7) 4 x 3	8) 4 x 4	9) 1 x 4	10) 4 x 9	11) 3 x 4	12) 4 x 8
13) 4 x 0	14) 6 x 4	15) 4 x 8	16) 2 x 4	17) 7 x 4	18) 4 x 5
19) 5 x 4	20) 4 x 7	21) 3 x 4	22) 4 x 2	23) 4 x 4	24) 4 x 1
25) 9 x 4	26) 4 x 6	27) 4 x 5	28) 4 x 4	29) 7 x 4	30) 0 x 4
31) 4 x 1	32) 3 x 4	33) 4 x 6	34) 8 x 4	35) 4 x 9	36) 2 x 4
37) 2 x 4	38) 4 x 8	39) 6 x 4	40) 4 x 3	41) 5 x 4	42) 4 x 4

DAY: 19

NAME: ____________________ TIME: ____ : ____ SCORE: ________

MULTIPLY 4

1) 4 x 9	2) 0 x 4	3) 8 x 4	4) 6 x 4	5) 4 x 2	6) 1 x 4
7) 4 x 3	8) 4 x 4	9) 9 x 4	10) 1 x 4	11) 4 x 2	12) 4 x 7
13) 2 x 4	14) 4 x 1	15) 3 x 4	16) 4 x 8	17) 0 x 4	18) 4 x 6
19) 4 x 2	20) 4 x 9	21) 4 x 3	22) 8 x 4	23) 4 x 7	24) 6 x 4
25) 4 x 8	26) 4 x 4	27) 4 x 6	28) 5 x 4	29) 4 x 7	30) 4 x 3
31) 4 x 5	32) 4 x 9	33) 7 x 4	34) 4 x 1	35) 6 x 4	36) 4 x 0
37) 4 x 0	38) 2 x 4	39) 4 x 3	40) 4 x 4	41) 4 x 5	42) 4 x 7

DAY: 20

NAME: ____________________ TIME: ___ : ___ SCORE: ________

MULTIPLY 4

1) 4 x 4	2) 0 x 4	3) 9 x 4	4) 7 x 4	5) 4 x 6	6) 4 x 3
7) 4 x 1	8) 8 x 4	9) 4 x 3	10) 2 x 4	11) 4 x 5	12) 6 x 4
13) 7 x 4	14) 3 x 4	15) 4 x 2	16) 0 x 4	17) 9 x 4	18) 8 x 4
19) 4 x 0	20) 7 x 4	21) 4 x 6	22) 5 x 4	23) 4 x 4	24) 3 x 4
25) 9 x 4	26) 4 x 8	27) 5 x 4	28) 4 x 1	29) 7 x 4	30) 6 x 4
31) 4 x 4	32) 4 x 2	33) 9 x 4	34) 4 x 0	35) 8 x 4	36) 1 x 4
37) 4 x 1	38) 4 x 3	39) 2 x 4	40) 4 x 4	41) 4 x 6	42) 4 x 5

DAY: 21

NAME: ______________________ TIME: ____ : ____ SCORE: ________

MULTIPLY 0 - 4

1) 3 x 8	2) 6 x 3	3) 4 x 4	4) 7 x 2	5) 2 x 5	6) 1 x 0
7) 4 x 2	8) 4 x 7	9) 2 x 2	10) 1 x 3	11) 9 x 3	12) 8 x 2
13) 0 x 0	14) 7 x 3	15) 4 x 8	16) 3 x 6	17) 0 x 3	18) 1 x 7
19) 5 x 4	20) 0 x 7	21) 4 x 9	22) 6 x 4	23) 3 x 2	24) 4 x 3
25) 3 x 3	26) 7 x 4	27) 4 x 1	28) 9 x 2	29) 5 x 3	30) 1 x 1
31) 3 x 2	32) 6 x 2	33) 8 x 1	34) 1 x 9	35) 4 x 0	36) 2 x 4
37) 9 x 2	38) 0 x 5	39) 4 x 5	40) 6 x 4	41) 2 x 5	42) 7 x 3

DAY: 22

NAME: ______________________ TIME: ____ : ____ SCORE: ________

MULTIPLY 0 - 4

1) 3 x 0	2) 4 x 8	3) 1 x 5	4) 5 x 3	5) 1 x 9	6) 2 x 6
7) 6 x 4	8) 0 x 8	9) 4 x 7	10) 4 x 4	11) 1 x 6	12) 2 x 8
13) 3 x 2	14) 4 x 3	15) 8 x 1	16) 1 x 7	17) 4 x 0	18) 2 x 4
19) 4 x 2	20) 4 x 7	21) 2 x 2	22) 1 x 3	23) 0 x 2	24) 5 x 3
25) 6 x 4	26) 0 x 7	27) 2 x 7	28) 9 x 4	29) 3 x 2	30) 4 x 3
31) 0 x 0	32) 3 x 9	33) 4 x 8	34) 3 x 6	35) 0 x 3	36) 1 x 1
37) 0 x 5	38) 4 x 4	39) 4 x 1	40) 9 x 2	41) 3 x 3	42) 2 x 1

DAY: 23

NAME: __________ TIME: ____ : ____ SCORE: ______

MULTIPLY 5

1) 0 x 5	2) 5 x 1	3) 5 x 5	4) 5 x 9	5) 2 x 5	6) 5 x 3
7) 6 x 5	8) 5 x 6	9) 7 x 5	10) 5 x 8	11) 4 x 5	12) 5 x 2
13) 5 x 0	14) 3 x 5	15) 9 x 5	16) 5 x 1	17) 5 x 6	18) 2 x 5
19) 8 x 5	20) 5 x 7	21) 1 x 5	22) 5 x 3	23) 4 x 5	24) 5 x 4
25) 0 x 5	26) 5 x 5	27) 6 x 5	28) 5 x 1	29) 4 x 5	30) 5 x 7
31) 9 x 5	32) 5 x 3	33) 2 x 5	34) 5 x 7	35) 5 x 5	36) 8 x 5
37) 5 x 8	38) 0 x 5	39) 5 x 1	40) 7 x 5	41) 5 x 9	42) 5 x 3

DAY: 24

NAME: ________________ TIME: ____ : ____ SCORE: ________

MULTIPLY 5

1) 8×5	2) 5×0	3) 5×5	4) 5×9	5) 2×5	6) 6×5
7) 4×5	8) 5×2	9) 5×5	10) 2×5	11) 5×6	12) 9×5
13) 5×0	14) 3×5	15) 5×1	16) 1×5	17) 5×6	18) 2×5
19) 9×5	20) 5×3	21) 2×5	22) 5×7	23) 5×5	24) 5×8
25) 0×5	26) 5×1	27) 6×5	28) 5×9	29) 4×5	30) 5×7
31) 5×8	32) 0×5	33) 5×1	34) 7×5	35) 3×5	36) 5×5
37) 8×5	38) 5×7	39) 1×5	40) 5×3	41) 4×5	42) 5×0

DAY: 25

NAME: ______________________ TIME: ____ : ____ SCORE: ________

MULTIPLY 5

1) 5 x 5	2) 5 x 6	3) 7 x 5	4) 5 x 9	5) 2 x 5	6) 5 x 3
7) 0 x 5	8) 5 x 1	9) 5 x 5	10) 5 x 3	11) 4 x 5	12) 5 x 4
13) 2 x 5	14) 5 x 6	15) 9 x 5	16) 1 x 5	17) 5 x 6	18) 2 x 5
19) 9 x 5	20) 5 x 3	21) 2 x 5	22) 5 x 0	23) 3 x 5	24) 8 x 5
25) 5 x 7	26) 5 x 5	27) 5 x 8	28) 5 x 1	29) 4 x 5	30) 5 x 7
31) 5 x 8	32) 0 x 5	33) 5 x 1	34) 5 x 0	35) 5 x 5	36) 6 x 5
37) 9 x 5	38) 5 x 7	39) 1 x 5	40) 7 x 5	41) 5 x 0	42) 5 x 3

DAY: 26

NAME: ______________________ TIME: ____ : ____ SCORE: ________

MULTIPLY 5

1) 7 x 5	2) 5 x 6	3) 9 x 5	4) 1 x 5	5) 5 x 6	6) 2 x 5
7) 9 x 5	8) 5 x 3	9) 2 x 5	10) 5 x 0	11) 4 x 5	12) 5 x 1
13) 5 x 8	14) 0 x 5	15) 5 x 1	16) 7 x 5	17) 5 x 5	18) 6 x 5
19) 5 x 5	20) 5 x 6	21) 8 x 5	22) 5 x 9	23) 2 x 5	24) 5 x 3
25) 0 x 5	26) 5 x 1	27) 5 x 5	28) 5 x 3	29) 9 x 5	30) 5 x 4
31) 5 x 7	32) 5 x 5	33) 5 x 8	34) 5 x 1	35) 4 x 5	36) 7 x 5
37) 5 x 8	38) 4 x 5	39) 5 x 2	40) 5 x 5	41) 5 x 2	42) 5 x 5

DAY: 27

NAME: ______________________ TIME: ___ : ___ SCORE: ________

MULTIPLY 0 - 5

1) 3 x 0	2) 5 x 6	3) 9 x 5	4) 7 x 3	5) 6 x 1	6) 4 x 4
7) 6 x 4	8) 0 x 7	9) 2 x 8	10) 3 x 5	11) 3 x 2	12) 9 x 3
13) 7 x 2	14) 4 x 3	15) 8 x 1	16) 5 x 8	17) 0 x 5	18) 2 x 4
19) 3 x 8	20) 4 x 7	21) 2 x 2	22) 1 x 3	23) 5 x 9	24) 2 x 5
25) 6 x 4	26) 9 x 0	27) 5 x 1	28) 5 x 5	29) 3 x 3	30) 4 x 3
31) 0 x 0	32) 9 x 4	33) 4 x 8	34) 4 x 5	35) 5 x 7	36) 1 x 7
37) 7 x 4	38) 3 x 6	39) 4 x 1	40) 6 x 2	41) 5 x 3	42) 2 x 1

DAY: 28

NAME: ____________________ TIME: ___ : ___ SCORE: ________

MULTIPLY 0 - 5

1) 4 x 5	2) 7 x 2	3) 1 x 9	4) 9 x 2	5) 3 x 3	6) 2 x 1
7) 6 x 4	8) 3 x 0	9) 5 x 1	10) 5 x 5	11) 3 x 2	12) 9 x 3
13) 0 x 0	14) 3 x 4	15) 4 x 8	16) 9 x 4	17) 5 x 7	18) 1 x 7
19) 4 x 2	20) 4 x 7	21) 2 x 2	22) 1 x 3	23) 5 x 9	24) 2 x 5
25) 6 x 2	26) 8 x 3	27) 8 x 1	28) 5 x 8	29) 0 x 6	30) 2 x 4
31) 9 x 2	32) 0 x 5	33) 4 x 4	34) 1 x 6	35) 7 x 5	36) 7 x 3
37) 3 x 0	38) 5 x 6	39) 9 x 5	40) 5 x 3	41) 1 x 4	42) 4 x 3

DAY: 29

NAME: ____________________ TIME: ___ : ___ SCORE: ________

MULTIPLY 6

1) 6 x 2	2) 8 x 6	3) 6 x 5	4) 4 x 6	5) 6 x 7	6) 6 x 6
7) 6 x 0	8) 1 x 6	9) 6 x 7	10) 9 x 6	11) 6 x 3	12) 1 x 6
13) 6 x 6	14) 6 x 8	15) 6 x 1	16) 6 x 4	17) 6 x 0	18) 2 x 6
19) 8 x 6	20) 6 x 7	21) 1 x 6	22) 6 x 9	23) 4 x 6	24) 9 x 6
25) 6 x 5	26) 6 x 6	27) 6 x 0	28) 2 x 6	29) 6 x 3	30) 7 x 6
31) 1 x 6	32) 6 x 3	33) 2 x 6	34) 6 x 7	35) 5 x 6	36) 6 x 8
37) 8 x 6	38) 5 x 6	39) 6 x 9	40) 4 x 6	41) 6 x 3	42) 6 x 6

DAY: 30

NAME: ____________________ TIME: ____ : ____ SCORE: ________

MULTIPLY 6

1) 6 x 0	2) 3 x 6	3) 6 x 1	4) 4 x 6	5) 6 x 6	6) 2 x 6
7) 0 x 6	8) 1 x 6	9) 6 x 7	10) 9 x 6	11) 6 x 3	12) 1 x 6
13) 8 x 6	14) 6 x 7	15) 9 x 6	16) 6 x 3	17) 6 x 6	18) 6 x 4
19) 6 x 2	20) 8 x 6	21) 6 x 5	22) 4 x 6	23) 6 x 7	24) 1 x 6
25) 4 x 6	26) 6 x 6	27) 2 x 6	28) 6 x 7	29) 5 x 6	30) 6 x 8
31) 6 x 4	32) 6 x 6	33) 6 x 9	34) 4 x 6	35) 6 x 3	36) 9 x 6
37) 3 x 6	38) 6 x 4	39) 5 x 6	40) 6 x 2	41) 8 x 6	42) 6 x 3

DAY: 31

NAME: ____________________ TIME: ___ : ___ SCORE: ________

MULTIPLY 6

1) 1 x 6 2) 6 x 3 3) 2 x 6 4) 6 x 7 5) 5 x 6 6) 9 x 6

7) 6 x 8 8) 5 x 6 9) 6 x 9 10) 0 x 6 11) 6 x 6 12) 4 x 6

13) 6 x 0 14) 1 x 6 15) 6 x 7 16) 8 x 6 17) 3 x 6 18) 6 x 9

19) 6 x 2 20) 8 x 6 21) 6 x 5 22) 4 x 6 23) 6 x 7 24) 1 x 6

25) 6 x 5 26) 6 x 6 27) 6 x 0 28) 2 x 6 29) 6 x 6 30) 7 x 6

31) 8 x 6 32) 6 x 7 33) 1 x 6 34) 6 x 9 35) 4 x 6 36) 6 x 5

37) 3 x 6 38) 6 x 2 39) 5 x 6 40) 2 x 6 41) 9 x 6 42) 6 x 3

DAY: 32

NAME: ______________________ TIME: ____ : ____ SCORE: ________

MULTIPLY 6

1) 6 x 3	2) 4 x 6	3) 6 x 6	4) 8 x 6	5) 6 x 7	6) 1 x 6
7) 6 x 4	8) 7 x 6	9) 6 x 1	10) 6 x 2	11) 8 x 6	12) 6 x 5
13) 1 x 6	14) 6 x 6	15) 2 x 6	16) 6 x 0	17) 9 x 6	18) 6 x 8
19) 6 x 2	20) 6 x 3	21) 7 x 6	22) 6 x 5	23) 1 x 6	24) 6 x 0
25) 9 x 6	26) 6 x 6	27) 1 x 6	28) 6 x 0	29) 4 x 6	30) 6 x 7
31) 6 x 0	32) 5 x 6	33) 6 x 8	34) 6 x 6	35) 6 x 3	36) 2 x 6
37) 7 x 6	38) 6 x 9	39) 6 x 3	40) 4 x 6	41) 6 x 2	42) 5 x 6

DAY: 33

NAME: ________________ TIME: ___ : ___ SCORE: ________

MULTIPLY 0 - 6

1) 6 x 7	2) 1 x 7	3) 4 x 8	4) 4 x 5	5) 5 x 7	6) 2 x 6
7) 4 x 2	8) 4 x 7	9) 2 x 2	10) 1 x 3	11) 5 x 9	12) 2 x 7
13) 4 x 4	14) 5 x 2	15) 9 x 6	16) 9 x 2	17) 5 x 3	18) 2 x 1
19) 6 x 4	20) 0 x 7	21) 1 x 6	22) 5 x 5	23) 3 x 2	24) 8 x 6
25) 3 x 0	26) 5 x 6	27) 9 x 5	28) 5 x 3	29) 1 x 4	30) 8 x 3
31) 3 x 9	32) 4 x 3	33) 8 x 1	34) 5 x 8	35) 0 x 5	36) 3 x 3
37) 8 x 2	38) 0 x 2	39) 6 x 5	40) 1 x 5	41) 7 x 5	42) 7 x 3

DAY: 34

NAME: ____________________ TIME: ____ : ____ SCORE: ________

MULTIPLY 0 - 6

1) 4 x 9	2) 5 x 7	3) 2 x 6	4) 6 x 7	5) 1 x 7	6) 4 x 8
7) 9 x 6	8) 5 x 9	9) 2 x 8	10) 4 x 2	11) 1 x 6	12) 6 x 7
13) 4 x 5	14) 5 x 2	15) 9 x 6	16) 9 x 2	17) 3 x 3	18) 2 x 1
19) 6 x 4	20) 0 x 0	21) 2 x 7	22) 5 x 5	23) 3 x 2	24) 4 x 3
25) 5 x 3	26) 1 x 4	27) 8 x 3	28) 3 x 0	29) 5 x 6	30) 9 x 5
31) 5 x 8	32) 0 x 5	33) 2 x 4	34) 3 x 2	35) 4 x 7	36) 8 x 1
37) 1 x 5	38) 7 x 5	39) 7 x 3	40) 9 x 2	41) 0 x 4	42) 6 x 5

DAY: 35

NAME: ______________________ TIME: ___ : ___ SCORE: ________

MULTIPLY 7

1) 7 x 0	2) 9 x 7	3) 7 x 2	4) 6 x 7	5) 7 x 5	6) 1 x 7
7) 7 x 8	8) 5 x 7	9) 7 x 9	10) 7 x 3	11) 7 x 4	12) 7 x 7
13) 3 x 7	14) 7 x 2	15) 5 x 7	16) 7 x 7	17) 2 x 7	18) 7 x 6
19) 8 x 7	20) 7 x 0	21) 4 x 7	22) 7 x 3	23) 7 x 7	24) 7 x 4
25) 7 x 5	26) 7 x 7	27) 9 x 7	28) 7 x 2	29) 3 x 7	30) 7 x 1
31) 7 x 2	32) 8 x 7	33) 7 x 5	34) 4 x 7	35) 7 x 0	36) 6 x 7
37) 5 x 7	38) 7 x 1	39) 0 x 7	40) 7 x 9	41) 3 x 7	42) 7 x 7

DAY: 36

NAME: ____________________ TIME: ___ : ___ SCORE: ________

MULTIPLY 7

1) 7 x 7	2) 8 x 7	3) 7 x 5	4) 4 x 7	5) 7 x 0	6) 6 x 7
7) 7 x 2	8) 7 x 1	9) 0 x 7	10) 7 x 9	11) 3 x 7	12) 7 x 4
13) 7 x 0	14) 7 x 7	15) 7 x 8	16) 1 x 7	17) 7 x 6	18) 2 x 7
19) 8 x 7	20) 7 x 9	21) 0 x 7	22) 7 x 3	23) 4 x 7	24) 7 x 6
25) 7 x 5	26) 7 x 7	27) 8 x 7	28) 7 x 2	29) 9 x 7	30) 7 x 1
31) 6 x 7	32) 3 x 7	33) 7 x 2	34) 4 x 7	35) 7 x 5	36) 1 x 7
37) 7 x 8	38) 5 x 7	39) 7 x 9	40) 7 x 7	41) 7 x 3	42) 0 x 7

DAY: 37

NAME:__________ TIME: ___ : ___ SCORE:______

MULTIPLY 7

1) 7 x 9	2) 8 x 7	3) 7 x 7	4) 3 x 7	5) 7 x 1	6) 7 x 0
7) 1 x 7	8) 7 x 6	9) 2 x 7	10) 4 x 7	11) 9 x 7	12) 6 x 7
13) 7 x 4	14) 7 x 1	15) 8 x 7	16) 3 x 7	17) 0 x 7	18) 7 x 9
19) 7 x 2	20) 8 x 7	21) 7 x 5	22) 7 x 7	23) 0 x 7	24) 7 x 3
25) 7 x 6	26) 7 x 7	27) 7 x 4	28) 3 x 7	29) 7 x 2	30) 8 x 7
31) 2 x 7	32) 3 x 7	33) 7 x 0	34) 7 x 7	35) 7 x 5	36) 2 x 7
37) 6 x 7	38) 7 x 5	39) 4 x 7	40) 7 x 1	41) 8 x 7	42) 9 x 7

DAY: 38

NAME: ______________________ TIME: ____ : ____ SCORE: ________

MULTIPLY 7

1) 7 x 8	2) 5 x 7	3) 7 x 9	4) 4 x 7	5) 7 x 3	6) 0 x 7
7) 7 x 2	8) 8 x 7	9) 7 x 5	10) 4 x 7	11) 7 x 0	12) 6 x 7
13) 7 x 0	14) 3 x 7	15) 7 x 2	16) 1 x 7	17) 7 x 5	18) 7 x 7
19) 7 x 9	20) 3 x 7	21) 7 x 4	22) 1 x 7	23) 7 x 6	24) 2 x 7
25) 7 x 5	26) 7 x 7	27) 0 x 7	28) 7 x 2	29) 3 x 7	30) 7 x 1
31) 8 x 7	32) 7 x 4	33) 9 x 7	34) 7 x 6	35) 4 x 7	36) 7 x 7
37) 6 x 7	38) 7 x 1	39) 0 x 7	40) 7 x 9	41) 3 x 7	42) 7 x 0

DAY: 39

NAME: ____________________ TIME: ____ : ____ SCORE: ________

MULTIPLY 0 - 7

1) 6 x 6 2) 1 x 7 3) 4 x 8 4) 4 x 5 5) 5 x 7 6) 2 x 6

7) 4 x 2 8) 1 x 6 9) 7 x 5 10) 9 x 6 11) 5 x 9 12) 2 x 5

13) 9 x 2 14) 5 x 3 15) 7 x 3 16) 4 x 4 17) 7 x 7 18) 8 x 6

19) 5 x 5 20) 2 x 2 21) 4 x 3 22) 6 x 4 23) 8 x 7 24) 1 x 6

25) 3 x 0 26) 5 x 6 27) 4 x 7 28) 5 x 3 29) 7 x 5 30) 4 x 3

31) 3 x 2 32) 8 x 3 33) 8 x 1 34) 5 x 8 35) 0 x 5 36) 2 x 7

37) 8 x 2 38) 0 x 1 39) 6 x 5 40) 1 x 5 41) 7 x 5 42) 9 x 3

DAY: 40

NAME: ______________________ TIME: ____:____ SCORE: ________

MULTIPLY 0 - 7

1)	2)	3)	4)	5)	6)
5 x 8	0 x 1	2 x 4	7 x 2	3 x 3	8 x 1

7)	8)	9)	10)	11)	12)
1 x 5	7 x 5	8 x 3	9 x 2	2 x 0	6 x 5

13)	14)	15)	16)	17)	18)
7 x 9	6 x 3	9 x 1	4 x 4	6 x 7	6 x 0

19)	20)	21)	22)	23)	24)
4 x 5	5 x 7	2 x 6	6 x 8	1 x 7	4 x 8

25)	26)	27)	28)	29)	30)
9 x 6	5 x 9	2 x 5	4 x 2	0 x 1	7 x 5

31)	32)	33)	34)	35)	36)
4 x 5	7 x 7	6 x 6	2 x 8	5 x 3	7 x 3

37)	38)	39)	40)	41)	42)
6 x 4	8 x 7	1 x 6	5 x 5	3 x 2	9 x 3

DAY: 41

NAME: ______________________ TIME: ___ : ___ SCORE: ________

MULTIPLY 8

1) 8 x 2	2) 1 x 8	3) 8 x 5	4) 4 x 8	5) 8 x 7	6) 6 x 8
7) 9 x 8	8) 8 x 6	9) 7 x 8	10) 8 x 9	11) 3 x 8	12) 8 x 1
13) 8 x 8	14) 3 x 8	15) 8 x 4	16) 1 x 8	17) 8 x 6	18) 2 x 8
19) 8 x 0	20) 7 x 8	21) 8 x 8	22) 3 x 8	23) 8 x 9	24) 4 x 8
25) 8 x 5	26) 9 x 8	27) 8 x 0	28) 2 x 8	29) 8 x 3	30) 7 x 8
31) 1 x 8	32) 4 x 8	33) 8 x 8	34) 8 x 7	35) 5 x 8	36) 8 x 1
37) 0 x 8	38) 8 x 5	39) 4 x 8	40) 8 x 9	41) 8 x 8	42) 8 x 6

DAY: 42

NAME: ______________________ TIME: ____ : ____ SCORE: ________

MULTIPLY 8

1) 8 x 9	2) 3 x 8	3) 8 x 1	4) 8 x 8	5) 8 x 6	6) 7 x 8
7) 4 x 8	8) 8 x 7	9) 6 x 8	10) 8 x 2	11) 0 x 8	12) 8 x 5
13) 8 x 9	14) 8 x 8	15) 3 x 8	16) 8 x 6	17) 8 x 2	18) 5 x 8
19) 1 x 8	20) 8 x 6	21) 2 x 8	22) 8 x 8	23) 3 x 8	24) 8 x 1
25) 8 x 3	26) 8 x 8	27) 4 x 8	28) 8 x 0	29) 7 x 8	30) 6 x 8
31) 2 x 8	32) 8 x 3	33) 7 x 8	34) 8 x 5	35) 1 x 8	36) 8 x 0
37) 8 x 7	38) 5 x 8	39) 8 x 1	40) 9 x 8	41) 8 x 4	42) 2 x 8

DAY: 43

NAME: ____________________ TIME: ___ : ___ SCORE: ________

MULTIPLY 8

1) 8 x 5	2) 9 x 8	3) 8 x 0	4) 2 x 8	5) 8 x 3	6) 7 x 8
7) 8 x 8	8) 3 x 8	9) 8 x 4	10) 1 x 8	11) 8 x 6	12) 2 x 8
13) 6 x 8	14) 8 x 0	15) 7 x 8	16) 8 x 5	17) 8 x 2	18) 8 x 1
19) 0 x 8	20) 8 x 5	21) 4 x 8	22) 8 x 9	23) 3 x 8	24) 8 x 8
25) 8 x 6	26) 2 x 8	27) 5 x 8	28) 8 x 8	29) 8 x 0	30) 9 x 8
31) 8 x 2	32) 1 x 8	33) 8 x 5	34) 4 x 8	35) 8 x 7	36) 6 x 8
37) 8 x 0	38) 7 x 8	39) 8 x 8	40) 3 x 8	41) 8 x 4	42) 8 x 2

DAY: 44

NAME: ______________________ TIME: ____:____ SCORE: ________

MULTIPLY 8

1) 4 x 8	2) 8 x 6	3) 7 x 8	4) 8 x 9	5) 3 x 8	6) 8 x 0
7) 8 x 8	8) 3 x 8	9) 9 x 8	10) 1 x 8	11) 8 x 6	12) 8 x 4
13) 8 x 2	14) 1 x 8	15) 8 x 5	16) 4 x 8	17) 8 x 7	18) 6 x 8
19) 8 x 8	20) 7 x 8	21) 8 x 1	22) 3 x 8	23) 8 x 4	24) 2 x 8
25) 0 x 8	26) 8 x 5	27) 8 x 8	28) 8 x 9	29) 6 x 8	30) 9 x 8
31) 3 x 8	32) 8 x 8	33) 5 x 8	34) 8 x 6	35) 2 x 8	36) 8 x 3
37) 8 x 5	38) 1 x 8	39) 8 x 0	40) 2 x 8	41) 8 x 9	42) 7 x 8

DAY: 45

NAME: ____________________ TIME: ____ : ____ SCORE: ________

MULTIPLY 0 - 8

1) 5 x 8	2) 0 x 0	3) 2 x 7	4) 3 x 2	5) 8 x 8	6) 8 x 1
7) 8 x 7	8) 9 x 8	9) 7 x 3	10) 9 x 2	11) 2 x 8	12) 6 x 5
13) 8 x 7	14) 6 x 3	15) 1 x 6	16) 6 x 4	17) 6 x 8	18) 8 x 0
19) 9 x 4	20) 5 x 7	21) 2 x 6	22) 6 x 7	23) 7 x 9	24) 4 x 8
25) 6 x 6	26) 5 x 9	27) 2 x 5	28) 4 x 2	29) 4 x 4	30) 7 x 5
31) 4 x 5	32) 7 x 7	33) 9 x 6	34) 9 x 2	35) 5 x 3	36) 7 x 3
37) 6 x 4	38) 3 x 3	39) 7 x 1	40) 5 x 5	41) 2 x 2	42) 4 x 3

DAY: 46

NAME: ____________________ TIME: ____ : ____ SCORE: ________

MULTIPLY 0 - 8

1) 3 x 3	2) 8 x 8	3) 1 x 5	4) 5 x 8	5) 0 x 7	6) 2 x 4
7) 9 x 2	8) 2 x 8	9) 6 x 5	10) 8 x 7	11) 5 x 8	12) 7 x 3
13) 8 x 9	14) 5 x 3	15) 2 x 2	16) 4 x 5	17) 7 x 7	18) 9 x 6
19) 5 x 5	20) 3 x 2	21) 9 x 3	22) 4 x 4	23) 8 x 5	24) 1 x 1
25) 3 x 0	26) 5 x 6	27) 4 x 7	28) 8 x 3	29) 7 x 9	30) 4 x 3
31) 6 x 4	32) 6 x 6	33) 2 x 0	34) 8 x 7	35) 6 x 3	36) 1 x 6
37) 6 x 7	38) 8 x 8	39) 4 x 8	40) 4 x 9	41) 5 x 7	42) 2 x 6

DAY: 47

NAME: ______________________ TIME: ___ : ___ SCORE: ________

MULTIPLY 9

1) 9 x 2	2) 8 x 9	3) 9 x 5	4) 4 x 9	5) 9 x 7	6) 6 x 9
7) 5 x 9	8) 9 x 0	9) 7 x 9	10) 9 x 1	11) 3 x 9	12) 9 x 9
13) 9 x 0	14) 3 x 9	15) 9 x 4	16) 1 x 9	17) 9 x 6	18) 9 x 9
19) 8 x 9	20) 9 x 7	21) 9 x 5	22) 9 x 3	23) 4 x 9	24) 6 x 9
25) 9 x 9	26) 1 x 9	27) 9 x 0	28) 2 x 9	29) 9 x 3	30) 7 x 9
31) 0 x 9	32) 9 x 9	33) 2 x 9	34) 9 x 7	35) 5 x 9	36) 9 x 6
37) 9 x 8	38) 5 x 9	39) 9 x 1	40) 0 x 9	41) 9 x 3	42) 4 x 9

DAY: 48

NAME: ______________________ TIME: ____ : ____ SCORE: ________

MULTIPLY 9

1) 9 x 9	2) 0 x 9	3) 9 x 5	4) 4 x 9	5) 7 x 9	6) 6 x 9
7) 2 x 9	8) 9 x 6	9) 9 x 7	10) 9 x 1	11) 8 x 9	12) 9 x 9
13) 9 x 8	14) 5 x 9	15) 9 x 1	16) 0 x 9	17) 9 x 3	18) 9 x 9
19) 7 x 9	20) 6 x 9	21) 5 x 9	22) 9 x 9	23) 2 x 9	24) 9 x 4
25) 9 x 0	26) 3 x 9	27) 9 x 9	28) 1 x 9	29) 9 x 6	30) 2 x 9
31) 8 x 9	32) 9 x 7	33) 1 x 9	34) 9 x 3	35) 4 x 9	36) 9 x 0
37) 9 x 4	38) 9 x 3	39) 2 x 9	40) 9 x 6	41) 5 x 9	42) 9 x 8

DAY: 49

NAME: ______________________ TIME: ___ : ___ SCORE: ________

MULTIPLY 9

1) 4 x 9	2) 9 x 7	3) 6 x 9	4) 9 x 2	5) 8 x 9	6) 9 x 5
7) 0 x 9	8) 3 x 9	9) 9 x 9	10) 6 x 9	11) 9 x 4	12) 7 x 9
13) 2 x 9	14) 9 x 9	15) 7 x 9	16) 9 x 5	17) 1 x 9	18) 9 x 0
19) 9 x 6	20) 5 x 9	21) 9 x 8	22) 0 x 9	23) 9 x 4	24) 9 x 9
25) 0 x 9	26) 9 x 9	27) 3 x 9	28) 9 x 8	29) 5 x 9	30) 9 x 1
31) 9 x 4	32) 2 x 9	33) 9 x 3	34) 9 x 9	35) 9 x 2	36) 5 x 9
37) 1 x 9	38) 9 x 6	39) 2 x 9	40) 9 x 0	41) 3 x 9	42) 9 x 1

DAY: 50

NAME: ____________________ TIME: ____ : ____ SCORE: ________

MULTIPLY 9

1) 9 x 0	2) 6 x 9	3) 9 x 1	4) 9 x 9	5) 9 x 6	6) 2 x 9
7) 8 x 9	8) 9 x 7	9) 1 x 9	10) 9 x 3	11) 4 x 9	12) 9 x 9
13) 3 x 9	14) 9 x 2	15) 5 x 9	16) 6 x 9	17) 9 x 9	18) 9 x 3
19) 9 x 2	20) 8 x 9	21) 9 x 5	22) 4 x 9	23) 9 x 7	24) 6 x 9
25) 4 x 9	26) 9 x 6	27) 7 x 9	28) 9 x 1	29) 8 x 9	30) 9 x 9
31) 0 x 9	32) 4 x 9	33) 2 x 9	34) 9 x 7	35) 5 x 9	36) 9 x 8
37) 9 x 5	38) 2 x 9	39) 9 x 1	40) 0 x 9	41) 9 x 4	42) 3 x 9

DAY: 51

NAME: ____________________ TIME: ____ : ____ SCORE: ________

MULTIPLY 0 - 9

1) 3 x 0	2) 7 x 4	3) 9 x 2	4) 8 x 3	5) 6 x 8	6) 4 x 3
7) 6 x 6	8) 9 x 8	9) 5 x 0	10) 8 x 7	11) 6 x 3	12) 1 x 6
13) 6 x 7	14) 7 x 8	15) 0 x 9	16) 9 x 3	17) 5 x 7	18) 2 x 6
19) 4 x 2	20) 1 x 8	21) 3 x 3	22) 9 x 6	23) 5 x 9	24) 2 x 5
25) 3 x 7	26) 8 x 8	27) 9 x 4	28) 5 x 8	29) 0 x 0	30) 8 x 4
31) 4 x 4	32) 2 x 8	33) 6 x 5	34) 8 x 7	35) 5 x 8	36) 7 x 3
37) 2 x 2	38) 5 x 3	39) 9 x 9	40) 4 x 5	41) 7 x 7	42) 9 x 6

DAY: 52

NAME: ______________ TIME: ___ : ___ SCORE: ______

MULTIPLY 0 - 9

1) 6 x 0	2) 5 x 9	3) 3 x 3	4) 8 x 3	5) 6 x 6	6) 4 x 3
7) 4 x 9	8) 9 x 8	9) 5 x 0	10) 8 x 7	11) 6 x 3	12) 1 x 6
13) 6 x 7	14) 7 x 9	15) 0 x 9	16) 9 x 3	17) 5 x 7	18) 2 x 6
19) 4 x 2	20) 2 x 5	21) 8 x 4	22) 9 x 6	23) 5 x 9	24) 8 x 1
25) 3 x 2	26) 8 x 8	27) 9 x 5	28) 7 x 4	29) 0 x 1	30) 2 x 7
31) 9 x 2	32) 2 x 8	33) 6 x 5	34) 4 x 4	35) 5 x 8	36) 7 x 3
37) 2 x 2	38) 5 x 3	39) 9 x 9	40) 4 x 5	41) 7 x 7	42) 8 x 6

DAY: 53

NAME: ____________________ TIME: ____ : ____ SCORE: ________

MULTIPLY 10

1) 1 x 10	2) 10 x 3	3) 9 x 10	4) 10 x 7	5) 5 x 10	6) 10 x 8
7) 4 x 10	8) 10 x 10	9) 10 x 5	10) 0 x 10	11) 10 x 2	12) 3 x 10
13) 6 x 10	14) 10 x 0	15) 7 x 10	16) 10 x 9	17) 3 x 10	18) 10 x 10
19) 8 x 10	20) 10 x 7	21) 1 x 10	22) 10 x 3	23) 4 x 10	24) 10 x 9
25) 0 x 10	26) 10 x 4	27) 10 x 10	28) 10 x 1	29) 10 x 6	30) 2 x 10
31) 10 x 8	32) 10 x 5	33) 9 x 10	34) 10 x 8	35) 6 x 10	36) 10 x 10
37) 10 x 2	38) 8 x 10	39) 10 x 5	40) 4 x 10	41) 10 x 7	42) 5 x 10

DAY: 54

NAME: ____________________ TIME: ____ : ____ SCORE: ________

MULTIPLY 10

1)	2)	3)	4)	5)	6)
5 x 10	10 x 6	7 x 10	10 x 9	3 x 10	10 x 10

7)	8)	9)	10)	11)	12)
0 x 10	10 x 2	10 x 5	10 x 10	9 x 10	4 x 10

13)	14)	15)	16)	17)	18)
0 x 10	10 x 3	10 x 1	8 x 10	10 x 6	2 x 10

19)	20)	21)	22)	23)	24)
8 x 10	10 x 7	1 x 10	10 x 3	4 x 10	10 x 0

25)	26)	27)	28)	29)	30)
1 x 10	10 x 10	2 x 10	10 x 7	6 x 10	10 x 8

31)	32)	33)	34)	35)	36)
10 x 4	10 x 5	9 x 10	10 x 1	3 x 10	10 x 10

37)	38)	39)	40)	41)	42)
10 x 2	8 x 10	10 x 5	4 x 10	10 x 7	6 x 10

DAY: 55

NAME: ____________________ TIME: ___ : ___ SCORE: ________

MULTIPLY 10

1) 10 x 5	2) 1 x 10	3) 10 x 0	4) 2 x 10	5) 10 x 3	6) 7 x 10
7) 10 x 8	8) 10 x 5	9) 9 x 10	10) 10 x 6	11) 3 x 10	12) 10 x 4
13) 3 x 10	14) 10 x 2	15) 10 x 5	16) 10 x 10	17) 10 x 9	18) 8 x 10
19) 0 x 10	20) 10 x 9	21) 10 x 10	22) 1 x 10	23) 10 x 6	24) 2 x 10
25) 4 x 10	26) 10 x 6	27) 7 x 10	28) 10 x 9	29) 3 x 10	30) 10 x 10
31) 8 x 10	32) 10 x 7	33) 1 x 10	34) 10 x 6	35) 4 x 10	36) 10 x 0
37) 10 x 2	38) 8 x 10	39) 10 x 5	40) 4 x 10	41) 10 x 7	42) 6 x 10

DAY: 56

NAME: ________________ TIME: ____ : ____ SCORE: ________

MULTIPLY 10

1) 10 x 9	2) 3 x 10	3) 10 x 10	4) 0 x 10	5) 10 x 6	6) 7 x 10
7) 10 x 10	8) 10 x 4	9) 3 x 10	10) 9 x 10	11) 10 x 2	12) 10 x 5
13) 1 x 10	14) 10 x 6	15) 2 x 10	16) 0 x 10	17) 10 x 3	18) 10 x 10
19) 10 x 3	20) 4 x 10	21) 10 x 6	22) 8 x 10	23) 7 x 10	24) 1 x 10
25) 10 x 7	26) 5 x 10	27) 10 x 8	28) 1 x 10	29) 10 x 0	30) 2 x 10
31) 10 x 9	32) 10 x 10	33) 10 x 4	34) 10 x 8	35) 10 x 5	36) 9 x 10
37) 4 x 10	38) 10 x 7	39) 6 x 10	40) 10 x 2	41) 8 x 10	42) 10 x 5

DAY: 57

NAME: ______________________ TIME: ____:____ SCORE: ________

MULTIPLY 0 - 10

1) 2 x 0	2) 6 x 6	3) 4 x 3	4) 8 x 3	5) 4 x 9	6) 2 x 2
7) 10 x 5	8) 6 x 3	9) 1 x 5	10) 8 x 7	11) 9 x 8	12) 6 x 0
13) 6 x 7	14) 5 x 7	15) 2 x 6	16) 9 x 3	17) 7 x 9	18) 10 x 10
19) 10 x 7	20) 8 x 10	21) 2 x 5	22) 9 x 6	23) 1 x 8	24) 7 x 4
25) 2 x 7	26) 0 x 9	27) 2 x 4	28) 5 x 8	29) 8 x 8	30) 9 x 5
31) 9 x 2	32) 4 x 4	33) 7 x 3	34) 8 x 8	35) 0 x 10	36) 6 x 5
37) 9 x 2	38) 7 x 7	39) 8 x 6	40) 4 x 10	41) 5 x 3	42) 9 x 9

DAY: 58

NAME: ______________ TIME: ___ : ___ SCORE: ______

MULTIPLY 0 - 10

1) 8 x 3	2) 5 x 5	3) 9 x 2	4) 10 x 7	5) 6 x 10	6) 4 x 3
7) 4 x 5	8) 9 x 8	9) 7 x 0	10) 10 x 5	11) 6 x 3	12) 1 x 6
13) 9 x 3	14) 7 x 9	15) 10 x 10	16) 6 x 7	17) 5 x 7	18) 2 x 6
19) 9 x 6	20) 1 x 8	21) 8 x 6	22) 10 x 7	23) 5 x 8	24) 2 x 5
25) 4 x 4	26) 8 x 8	27) 9 x 5	28) 4 x 8	29) 0 x 5	30) 2 x 4
31) 8 x 7	32) 0 x 10	33) 6 x 5	34) 2 x 2	35) 8 x 10	36) 7 x 3
37) 4 x 10	38) 5 x 3	39) 9 x 9	40) 8 x 2	41) 7 x 7	42) 6 x 6

DAY: 59

NAME: ______________________ TIME: ____ : ____ SCORE: ________

MULTIPLY 11

1) 11 x 0	2) 4 x 11	3) 11 x 2	4) 7 x 11	5) 11 x 5	6) 11 x 8
7) 11 x 1	8) 5 x 11	9) 11 x 11	10) 9 x 11	11) 11 x 3	12) 6 x 11
13) 3 x 11	14) 11 x 2	15) 5 x 11	16) 11 x 10	17) 4 x 11	18) 11 x 9
19) 11 x 5	20) 1 x 11	21) 11 x 0	22) 11 x 11	23) 11 x 3	24) 7 x 11
25) 10 x 11	26) 11 x 6	27) 11 x 7	28) 11 x 9	29) 3 x 11	30) 11 x 0
31) 11 x 2	32) 8 x 11	33) 11 x 5	34) 4 x 11	35) 11 x 7	36) 6 x 11
37) 11 x 11	38) 11 x 10	39) 0 x 11	40) 11 x 1	41) 6 x 11	42) 11 x 9

DAY: 60

NAME: ______________________ TIME: ____ : ____ SCORE: ________

MULTIPLY 11

1) 11 x 2	2) 8 x 11	3) 11 x 5	4) 4 x 11	5) 11 x 7	6) 6 x 11
7) 10 x 11	8) 11 x 6	9) 7 x 11	10) 11 x 9	11) 3 x 11	12) 11 x 0
13) 11 x 11	14) 11 x 3	15) 0 x 11	16) 11 x 1	17) 6 x 11	18) 11 x 2
19) 8 x 11	20) 11 x 7	21) 1 x 11	22) 11 x 11	23) 4 x 11	24) 11 x 10
25) 11 x 5	26) 1 x 11	27) 11 x 0	28) 2 x 11	29) 11 x 3	30) 7 x 11
31) 11 x 0	32) 9 x 11	33) 11 x 4	34) 7 x 11	35) 11 x 5	36) 11 x 8
37) 11 x 11	38) 5 x 11	39) 11 x 9	40) 10 x 11	41) 11 x 3	42) 4 x 11

DAY: 61

NAME: ____________ TIME: ___ : ___ SCORE: ______

MULTIPLY 11

1) 11 x 1	2) 6 x 11	3) 11 x 2	4) 11 x 11	5) 11 x 3	6) 0 x 11
7) 3 x 11	8) 4 x 11	9) 11 x 10	10) 8 x 11	11) 11 x 7	12) 1 x 11
13) 2 x 11	14) 11 x 3	15) 7 x 11	16) 11 x 5	17) 1 x 11	18) 11 x 0
19) 6 x 11	20) 11 x 11	21) 4 x 11	22) 11 x 9	23) 3 x 11	24) 11 x 10
25) 11 x 2	26) 8 x 11	27) 11 x 5	28) 4 x 11	29) 11 x 7	30) 6 x 11
31) 11 x 0	32) 9 x 11	33) 11 x 2	34) 7 x 11	35) 11 x 5	36) 11 x 8
37) 11 x 6	38) 5 x 11	39) 11 x 11	40) 9 x 11	41) 11 x 3	42) 10 x 11

DAY: 62

NAME: ______________________ TIME: ____ : ____ SCORE: ________

MULTIPLY 11

1) 11 x 0	2) 3 x 11	3) 11 x 2	4) 4 x 11	5) 11 x 7	6) 6 x 11
7) 11 x 8	8) 5 x 11	9) 11 x 11	10) 11 x 9	11) 10 x 11	12) 11 x 0
13) 3 x 11	14) 11 x 2	15) 5 x 11	16) 11 x 1	17) 6 x 11	18) 11 x 9
19) 8 x 11	20) 11 x 11	21) 1 x 11	22) 11 x 3	23) 10 x 11	24) 11 x 4
25) 11 x 5	26) 1 x 11	27) 11 x 0	28) 2 x 11	29) 9 x 11	30) 7 x 11
31) 11 x 2	32) 8 x 11	33) 11 x 5	34) 7 x 11	35) 11 x 11	36) 11 x 8
37) 4 x 11	38) 11 x 6	39) 7 x 11	40) 9 x 11	41) 11 x 10	42) 3 x 11

DAY: 63

NAME: ______________________ TIME: ___ : ___ SCORE: ________

MULTIPLY 0 - 11

1) 9 x 2	2) 8 x 10	3) 4 x 3	4) 8 x 3	5) 5 x 9	6) 4 x 7
7) 11 x 0	8) 7 x 7	9) 9 x 6	10) 2 x 11	11) 11 x 9	12) 5 x 1
13) 10 x 9	14) 2 x 7	15) 1 x 6	16) 9 x 3	17) 7 x 8	18) 10 x 10
19) 6 x 7	20) 4 x 9	21) 2 x 6	22) 9 x 9	23) 1 x 8	24) 7 x 5
25) 10 x 7	26) 5 x 8	27) 11 x 3	28) 11 x 8	29) 8 x 8	30) 6 x 4
31) 1 x 11	32) 0 x 5	33) 2 x 4	34) 8 x 9	35) 0 x 10	36) 6 x 5
37) 9 x 7	38) 8 x 4	39) 7 x 3	40) 4 x 10	41) 5 x 3	42) 9 x 9

DAY: 64

NAME: ______________________ TIME: ____ : ____ SCORE: ________

MULTIPLY 0 - 11

1) 9 x 6	2) 1 x 8	3) 7 x 5	4) 10 x 7	5) 5 x 8	6) 11 x 3
7) 11 x 8	8) 8 x 8	9) 9 x 3	10) 1 x 11	11) 0 x 5	12) 2 x 4
13) 3 x 6	14) 0 x 10	15) 6 x 5	16) 9 x 2	17) 8 x 10	18) 7 x 3
19) 4 x 10	20) 5 x 3	21) 9 x 9	22) 11 x 0	23) 7 x 7	24) 2 x 6
25) 6 x 4	26) 7 x 11	27) 4 x 3	28) 10 x 9	29) 8 x 7	30) 1 x 6
31) 8 x 3	32) 5 x 9	33) 4 x 7	34) 10 x 11	35) 6 x 10	36) 4 x 3
37) 8 x 7	38) 11 x 9	39) 5 x 4	40) 10 x 5	41) 6 x 3	42) 1 x 6

DAY: 65

NAME: ______________________ TIME: ____ : ____ SCORE: ________

MULTIPLY 12

1) 12 x 8	2) 5 x 12	3) 12 x 9	4) 10 x 12	5) 12 x 3	6) 12 x 12
7) 12 x 2	8) 8 x 12	9) 12 x 5	10) 4 x 12	11) 12 x 7	12) 6 x 12
13) 12 x 12	14) 12 x 11	15) 7 x 12	16) 12 x 9	17) 3 x 12	18) 12 x 0
19) 12 x 4	20) 12 x 2	21) 5 x 12	22) 12 x 0	23) 1 x 12	24) 12 x 6
25) 12 x 10	26) 3 x 12	27) 12 x 9	28) 1 x 12	29) 12 x 6	30) 2 x 12
31) 8 x 12	32) 12 x 7	33) 1 x 12	34) 12 x 11	35) 4 x 12	36) 12 x 10
37) 1 x 12	38) 12 x 12	39) 2 x 12	40) 12 x 7	41) 5 x 12	42) 12 x 8

DAY: 66

NAME: __________ TIME: ____ : ____ SCORE: ________

MULTIPLY 12

1) 12 x 2	2) 8 x 12	3) 12 x 5	4) 4 x 12	5) 12 x 7	6) 6 x 12
7) 12 x 4	8) 12 x 6	9) 12 x 12	10) 9 x 12	11) 3 x 12	12) 12 x 0
13) 12 x 9	14) 3 x 12	15) 12 x 1	16) 11 x 12	17) 12 x 6	18) 2 x 12
19) 8 x 12	20) 12 x 7	21) 1 x 12	22) 12 x 10	23) 4 x 12	24) 12 x 12
25) 12 x 5	26) 1 x 12	27) 12 x 0	28) 2 x 12	29) 12 x 9	30) 7 x 12
31) 10 x 12	32) 12 x 3	33) 2 x 12	34) 12 x 7	35) 5 x 12	36) 12 x 8
37) 12 x 6	38) 5 x 12	39) 12 x 9	40) 0 x 12	41) 12 x 11	42) 3 x 12

DAY: 67

NAME: ______________________ TIME: ____ : ____ SCORE: ________

MULTIPLY 12

1) 2 x 12	2) 12 x 3	3) 7 x 12	4) 4 x 12	5) 12 x 12	6) 6 x 12
7) 12 x 7	8) 5 x 12	9) 12 x 8	10) 12 x 9	11) 10 x 12	12) 12 x 0
13) 9 x 12	14) 12 x 11	15) 3 x 12	16) 1 x 12	17) 12 x 6	18) 2 x 12
19) 12 x 0	20) 1 x 12	21) 6 x 12	22) 12 x 12	23) 4 x 12	24) 12 x 5
25) 12 x 2	26) 8 x 12	27) 12 x 5	28) 12 x 9	29) 1 x 12	30) 12 x 8
31) 6 x 12	32) 12 x 4	33) 7 x 12	34) 11 x 12	35) 12 x 3	36) 10 x 12
37) 12 x 0	38) 3 x 12	39) 12 x 1	40) 12 x 8	41) 5 x 12	42) 12 x 9

DAY: 68

NAME: ____________________ TIME: ____ : ____ SCORE: ________

MULTIPLY 12

1) 12 x 5	2) 2 x 12	3) 12 x 8	4) 11 x 12	5) 12 x 2	6) 5 x 12
7) 10 x 12	8) 12 x 6	9) 7 x 12	10) 1 x 12	11) 12 x 3	12) 12 x 12
13) 12 x 0	14) 9 x 12	15) 12 x 1	16) 12 x 8	17) 5 x 12	18) 12 x 9
19) 4 x 12	20) 12 x 7	21) 6 x 12	22) 12 x 3	23) 12 x 12	24) 12 x 4
25) 12 x 9	26) 3 x 12	27) 12 x 0	28) 2 x 12	29) 12 x 10	30) 7 x 12
31) 1 x 12	32) 12 x 6	33) 2 x 12	34) 12 x 11	35) 5 x 12	36) 12 x 8
37) 4 x 12	38) 12 x 3	39) 10 x 12	40) 8 x 12	41) 12 x 7	42) 1 x 12

DAY: 69

NAME: ______________________ TIME: ___ : ___ SCORE: ________

MULTIPLY 0 - 12

1) 6 x 4	2) 7 x 11	3) 11 x 12	4) 10 x 9	5) 8 x 7	6) 1 x 6
7) 8 x 3	8) 5 x 9	9) 9 x 2	10) 10 x 8	11) 12 x 12	12) 4 x 3
13) 8 x 7	14) 11 x 10	15) 6 x 5	16) 12 x 2	17) 7 x 12	18) 7 x 3
19) 4 x 10	20) 5 x 3	21) 9 x 9	22) 12 x 0	23) 7 x 7	24) 9 x 6
25) 12 x 6	26) 11 x 9	27) 4 x 0	28) 10 x 5	29) 6 x 3	30) 4 x 12
31) 9 x 3	32) 11 x 11	33) 10 x 10	34) 6 x 7	35) 5 x 7	36) 2 x 6
37) 12 x 5	38) 1 x 0	39) 8 x 9	40) 10 x 7	41) 5 x 8	42) 11 x 3

DAY: 70

NAME: ______________________ TIME: ____ : ____ SCORE: ________

MULTIPLY 0 - 12

1) 6 x 4	2) 10 x 8	3) 8 x 7	4) 7 x 11	5) 4 x 3	6) 10 x 9
7) 8 x 3	8) 6 x 2	9) 12 x 12	10) 5 x 9	11) 8 x 2	12) 10 x 7
13) 11 x 11	14) 9 x 2	15) 7 x 12	16) 0 x 12	17) 6 x 5	18) 7 x 2
19) 4 x 10	20) 9 x 0	21) 7 x 7	22) 5 x 3	23) 9 x 9	24) 11 x 0
25) 12 x 6	26) 4 x 5	27) 6 x 3	28) 11 x 9	29) 8 x 0	30) 10 x 5
31) 9 x 3	32) 6 x 7	33) 4 x 8	34) 6 x 8	35) 10 x 10	36) 6 x 9
37) 12 x 5	38) 10 x 2	39) 5 x 8	40) 1 x 8	41) 7 x 5	42) 9 x 8

DAY: 71

NAME: ____________ TIME: ___ : ___ SCORE: ______

MULTIPLY 13

1) 13 x 2
2) 8 x 13
3) 13 x 5
4) 4 x 13
5) 13 x 7
6) 6 x 13
7) 13 x 12
8) 13 x 6
9) 7 x 13
10) 13 x 9
11) 3 x 13
12) 13 x 0
13) 13 x 13
14) 3 x 13
15) 11 x 13
16) 1 x 13
17) 13 x 6
18) 2 x 13
19) 8 x 13
20) 13 x 9
21) 1 x 13
22) 13 x 3
23) 4 x 13
24) 10 x 13
25) 13 x 5
26) 13 x 4
27) 13 x 0
28) 2 x 13
29) 11 x 13
30) 7 x 13
31) 13 x 13
32) 13 x 3
33) 2 x 13
34) 13 x 7
35) 5 x 13
36) 13 x 8
37) 12 x 13
38) 5 x 13
39) 13 x 9
40) 1 x 13
41) 10 x 13
42) 4 x 13

DAY: 72

NAME: ____________________ TIME: ____ : ____ SCORE: ________

MULTIPLY 13

1) 13 x 4	2) 13 x 13	3) 13 x 0	4) 2 x 13	5) 13 x 10	6) 7 x 13
7) 1 x 13	8) 13 x 3	9) 4 x 13	10) 13 x 7	11) 5 x 13	12) 13 x 8
13) 13 x 12	14) 5 x 13	15) 13 x 9	16) 13 x 6	17) 13 x 11	18) 3 x 13
19) 13 x 10	20) 13 x 2	21) 5 x 13	22) 13 x 9	23) 13 x 1	24) 13 x 3
25) 13 x 2	26) 8 x 13	27) 13 x 5	28) 4 x 13	29) 13 x 7	30) 6 x 13
31) 12 x 13	32) 13 x 6	33) 7 x 13	34) 13 x 9	35) 3 x 13	36) 13 x 0
37) 13 x 13	38) 8 x 13	39) 13 x 4	40) 1 x 13	41) 13 x 6	42) 2 x 13

DAY: 73

NAME: ____________________ TIME: ___ : ___ SCORE: ________

MULTIPLY 13

1) 13 x 13	2) 13 x 4	3) 2 x 13	4) 13 x 7	5) 5 x 13	6) 11 x 13
7) 13 x 8	8) 5 x 13	9) 13 x 9	10) 6 x 13	11) 13 x 3	12) 0 x 13
13) 3 x 13	14) 13 x 2	15) 5 x 13	16) 12 x 13	17) 1 x 13	18) 13 x 10
19) 13 x 2	20) 8 x 13	21) 13 x 5	22) 4 x 13	23) 13 x 7	24) 6 x 13
25) 4 x 13	26) 1 x 13	27) 13 x 0	28) 2 x 13	29) 13 x 8	30) 7 x 13
31) 6 x 13	32) 13 x 4	33) 7 x 13	34) 13 x 9	35) 3 x 13	36) 13 x 0
37) 13 x 13	38) 3 x 13	39) 10 x 13	40) 1 x 13	41) 13 x 6	42) 9 x 13

DAY: 74

NAME: ____________________ TIME: ___ : ___ SCORE: ________

MULTIPLY 13

1) 4×13	2) 13×7	3) 6×13	4) 13×2	5) 8×13	6) 13×5
7) 13×9	8) 13×10	9) 13×0	10) 6×13	11) 12×13	12) 7×13
13) 0×13	14) 13×6	15) 2×13	16) 13×13	17) 3×13	18) 13×1
19) 11×13	20) 4×13	21) 13×0	22) 8×13	23) 13×9	24) 1×13
25) 10×13	26) 13×3	27) 7×13	28) 13×5	29) 1×13	30) 13×0
31) 13×7	32) 5×13	33) 13×8	34) 13×13	35) 12×13	36) 2×13
37) 9×13	38) 13×4	39) 3×13	40) 13×8	41) 13×6	42) 13×9

DAY: 75

NAME: ______________________ TIME: ____ : ____ SCORE: ________

MULTIPLY 0 - 13

1) 6 x 4	2) 10 x 12	3) 2 x 4	4) 7 x 11	5) 4 x 3	6) 13 x 6
7) 13 x 13	8) 12 x 2	9) 12 x 12	10) 5 x 9	11) 9 x 2	12) 3 x 7
13) 3 x 2	14) 4 x 7	15) 7 x 12	16) 0 x 10	17) 6 x 5	18) 2 x 13
19) 4 x 10	20) 11 x 11	21) 7 x 7	22) 5 x 3	23) 9 x 9	24) 11 x 0
25) 12 x 6	26) 10 x 5	27) 6 x 3	28) 11 x 9	29) 5 x 0	30) 1 x 13
31) 13 x 7	32) 6 x 11	33) 11 x 3	34) 7 x 8	35) 10 x 10	36) 6 x 7
37) 12 x 5	38) 11 x 8	39) 5 x 8	40) 1 x 8	41) 7 x 5	42) 10 x 7

DAY: 76

NAME: ______________________ TIME: ____ : ____ SCORE: ________

MULTIPLY 0 - 13

1) 9 x 3	2) 11 x 9	3) 3 x 0	4) 1 x 4	5) 12 x 6	6) 10 x 5
7) 8 x 8	8) 12 x 12	9) 10 x 10	10) 6 x 3	11) 13 x 7	12) 6 x 7
13) 5 x 8	14) 1 x 6	15) 7 x 5	16) 10 x 11	17) 12 x 5	18) 4 x 7
19) 0 x 7	20) 7 x 7	21) 9 x 5	22) 5 x 13	23) 11 x 8	24) 8 x 12
25) 8 x 7	26) 7 x 11	27) 3 x 3	28) 13 x 6	29) 6 x 4	30) 10 x 9
31) 12 x 12	32) 4 x 9	33) 5 x 2	34) 10 x 7	35) 13 x 13	36) 5 x 5
37) 7 x 12	38) 0 x 9	39) 6 x 5	40) 2 x 12	41) 12 x 3	42) 9 x 2

ANSWER KEYS

DAY 1

1)	0	2)	8	3)	4	4)	0	5)	0	6)	6	7)	0	8)	6
9)	0	10)	9	11)	0	12)	0	13)	0	14)	3	15)	0	16)	1
17)	0	18)	2	19)	0	20)	0	21)	0	22)	3	23)	0	24)	4
25)	0	26)	1	27)	0	28)	6	29)	0	30)	7	31)	0	32)	3
33)	0	34)	7	35)	0	36)	8	37)	0	38)	0	39)	9	40)	0
41)	5	42)	0												

DAY 2

1)	0	2)	2	3)	5	4)	0	5)	4	6)	0	7)	0	8)	8
9)	0	10)	4	11)	0	12)	6	13)	8	14)	0	15)	9	16)	0
17)	3	18)	0	19)	0	20)	0	21)	0	22)	9	23)	0	24)	6
25)	0	26)	3	27)	0	28)	7	29)	0	30)	8	31)	7	32)	0
33)	1	34)	0	35)	2	36)	0	37)	0	38)	0	39)	0	40)	5
41)	0	42)	4												

DAY 3

1)	0	2)	3	3)	0	4)	7	5)	0	6)	8	7)	0	8)	0
9)	6	10)	0	11)	9	12)	0	13)	0	14)	1	15)	0	16)	5
17)	0	18)	7	19)	0	20)	0	21)	8	22)	4	23)	0	24)	6
25)	0	26)	2	27)	5	28)	0	29)	1	30)	0	31)	0	32)	0
33)	0	34)	4	35)	0	36)	3	37)	0	38)	3	39)	0	40)	1
41)	2	42)	0												

DAY 4

1)	0	2)	3	3)	0	4)	0	5)	0	6)	9	7)	4	8)	0
9)	6	10)	0	11)	8	12)	0	13)	6	14)	7	15)	0	16)	0
17)	5	18)	1	19)	9	20)	0	21)	0	22)	0	23)	6	24)	0
25)	0	26)	2	27)	7	28)	0	29)	0	30)	5	31)	1	32)	0
33)	2	34)	0	35)	3	36)	0	37)	3	38)	0	39)	4	40)	0
41)	0	42)	0												

DAY 5

1)	4	2)	16	3)	10	4)	8	5)	14	6)	12	7)	10	8)	6
9)	14	10)	18	11)	6	12)	0	13)	18	14)	2	15)	0	16)	4
17)	12	18)	4	19)	16	20)	14	21)	8	22)	6	23)	16	24)	8
25)	10	26)	2	27)	0	28)	4	29)	0	30)	12	31)	2	32)	18
33)	10	34)	14	35)	12	36)	16	37)	14	38)	0	39)	18	40)	8
41)	2	42)	6												

DAY 6

1)	10	2)	2	3)	18	4)	16	5)	0	6)	4	7)	12	8)	6
9)	14	10)	18	11)	6	12)	0	13)	16	14)	14	15)	8	16)	4
17)	16	18)	8	19)	14	20)	0	21)	18	22)	8	23)	2	24)	12
25)	0	26)	2	27)	10	28)	4	29)	18	30)	6	31)	10	32)	6
33)	8	34)	14	35)	12	36)	16	37)	2	38)	16	39)	10	40)	8
41)	14	42)	12												

DAY 7

1)	2	2)	16	3)	10	4)	8	5)	14	6)	12	7)	0	8)	2
9)	10	10)	4	11)	18	12)	6	13)	10	14)	4	15)	0	16)	16
17)	4	18)	12	19)	18	20)	2	21)	0	22)	6	23)	12	24)	4
25)	2	26)	6	27)	10	28)	14	29)	12	30)	16	31)	16	32)	14
33)	8	34)	6	35)	18	36)	8	37)	12	38)	4	39)	14	40)	18
41)	6	42)	0												

DAY 8

1)	12	2)	6	3)	14	4)	18	5)	10	6)	16	7)	0	8)	2
9)	10	10)	4	11)	18	12)	6	13)	16	14)	14	15)	8	16)	6
17)	4	18)	8	19)	14	20)	0	21)	18	22)	8	23)	2	24)	4
25)	2	26)	6	27)	10	28)	14	29)	12	30)	16	31)	18	32)	2
33)	0	34)	6	35)	16	36)	4	37)	10	38)	2	39)	8	40)	18
41)	0	42)	12												

DAY 9

1)	0	2)	1	3)	16	4)	0	5)	9	6)	0	7)	0	8)	8
9)	4	10)	2	11)	5	12)	6	13)	16	14)	18	15)	0	16)	6
17)	14	18)	6	19)	0	20)	7	21)	0	22)	8	23)	0	24)	12
25)	10	26)	1	27)	0	28)	3	29)	6	30)	0	31)	0	32)	14
33)	0	34)	0	35)	0	36)	4	37)	18	38)	10	39)	12	40)	8
41)	0	42)	9												

DAY 10

1)	10	2)	0	3)	14	4)	8	5)	0	6)	0	7)	12	8)	18
9)	0	10)	8	11)	14	12)	6	13)	0	14)	4	15)	0	16)	0
17)	0	18)	4	19)	1	20)	7	21)	0	22)	3	23)	0	24)	16
25)	10	26)	2	27)	0	28)	8	29)	7	30)	12	31)	0	32)	8
33)	4	34)	0	35)	5	36)	6	37)	18	38)	6	39)	6	40)	2
41)	0	42)	4												

DAY 11

1)	3	2)	12	3)	18	4)	9	5)	24	6)	15	7)	27	8)	9
9)	0	10)	27	11)	6	12)	21	13)	0	14)	3	15)	15	16)	24
17)	18	18)	6	19)	21	20)	27	21)	12	22)	6	23)	24	24)	12
25)	0	26)	12	27)	15	28)	9	29)	0	30)	18	31)	3	32)	6
33)	15	34)	21	35)	18	36)	24	37)	12	38)	27	39)	24	40)	3
41)	6	42)	21												

DAY 12

1)	12	2)	21	3)	18	4)	27	5)	24	6)	15	7)	3	8)	6
9)	15	10)	21	11)	18	12)	24	13)	0	14)	3	15)	15	16)	9
17)	18	18)	6	19)	0	20)	3	21)	9	22)	3	23)	0	24)	18
25)	21	26)	15	27)	12	28)	6	29)	24	30)	12	31)	0	32)	3
33)	15	34)	9	35)	27	36)	18	37)	27	38)	9	39)	0	40)	12
41)	6	42)	21												

DAY 13

1)	12	2)	9	3)	18	4)	27	5)	24	6)	15	7)	21	8)	3
9)	15	10)	6	11)	18	12)	9	13)	24	14)	3	15)	12	16)	9
17)	0	18)	18	19)	12	20)	27	21)	24	22)	0	23)	6	24)	21
25)	21	26)	15	27)	12	28)	6	29)	27	30)	24	31)	27	32)	9
33)	0	34)	12	35)	6	36)	21	37)	0	38)	3	39)	15	40)	3
41)	0	42)	18												

DAY 14

1)	3	2)	6	3)	15	4)	21	5)	18	6)	24	7)	12	8)	21
9)	18	10)	3	11)	24	12)	15	13)	12	14)	27	15)	27	16)	24
17)	6	18)	21	19)	9	20)	3	21)	15	22)	9	23)	0	24)	18
25)	0	26)	3	27)	24	28)	6	29)	9	30)	6	31)	27	32)	9
33)	0	34)	27	35)	6	36)	21	37)	0	38)	15	39)	12	40)	9
41)	27	42)	12												

DAY 15

1)	3	2)	0	3)	10	4)	24	5)	18	6)	4	7)	12	8)	18
9)	0	10)	16	11)	14	12)	6	13)	0	14)	3	15)	0	16)	21
17)	24	18)	4	19)	8	20)	5	21)	14	22)	18	23)	0	24)	7
25)	12	26)	0	27)	15	28)	9	29)	9	30)	6	31)	27	32)	6
33)	0	34)	0	35)	10	36)	21	37)	1	38)	4	39)	12	40)	8
41)	0	42)	12												

DAY 16

1)	24	2)	18	3)	4	4)	8	5)	18	6)	0	7)	21	8)	6
9)	4	10)	3	11)	0	12)	15	13)	0	14)	3	15)	0	16)	18
17)	27	18)	7	19)	0	20)	4	21)	0	22)	16	23)	6	24)	12
25)	0	26)	1	27)	14	28)	0	29)	15	30)	6	31)	9	32)	12
33)	8	34)	7	35)	0	36)	8	37)	18	38)	0	39)	9	40)	0
41)	10	42)	21												

DAY 17

1)	20	2)	16	3)	0	4)	12	5)	4	6)	24	7)	4	8)	12
9)	8	10)	28	11)	24	12)	32	13)	28	14)	0	15)	36	16)	8
17)	36	18)	16	19)	36	20)	4	21)	20	22)	8	23)	32	24)	0
25)	4	26)	32	27)	20	28)	16	29)	28	30)	24	31)	24	32)	12
33)	28	34)	32	35)	16	36)	0	37)	32	38)	20	39)	0	40)	12
41)	24	42)	8												

DAY 18

1)	4	2)	24	3)	32	4)	36	5)	8	6)	0	7)	12	8)	16
9)	4	10)	36	11)	12	12)	32	13)	0	14)	24	15)	32	16)	8
17)	28	18)	20	19)	20	20)	28	21)	12	22)	8	23)	16	24)	4
25)	36	26)	24	27)	20	28)	16	29)	28	30)	0	31)	4	32)	12
33)	24	34)	32	35)	36	36)	8	37)	8	38)	32	39)	24	40)	12
41)	20	42)	16												

DAY 19

1)	36	2)	0	3)	32	4)	24	5)	8	6)	4	7)	12	8)	16
9)	36	10)	4	11)	8	12)	28	13)	8	14)	4	15)	12	16)	32
17)	0	18)	24	19)	8	20)	36	21)	12	22)	32	23)	28	24)	24
25)	32	26)	16	27)	24	28)	20	29)	28	30)	12	31)	20	32)	36
33)	28	34)	4	35)	24	36)	0	37)	0	38)	8	39)	12	40)	16
41)	20	42)	28												

DAY 20

1)	16	2)	0	3)	36	4)	28	5)	24	6)	12	7)	4	8)	32
9)	12	10)	8	11)	20	12)	24	13)	28	14)	12	15)	8	16)	0
17)	36	18)	32	19)	0	20)	28	21)	24	22)	20	23)	16	24)	12
25)	36	26)	32	27)	20	28)	4	29)	28	30)	24	31)	16	32)	8
33)	36	34)	0	35)	32	36)	4	37)	4	38)	12	39)	8	40)	16
41)	24	42)	20												

DAY 21

1)	24	2)	18	3)	16	4)	14	5)	10	6)	0	7)	8	8)	28
9)	4	10)	3	11)	27	12)	16	13)	0	14)	21	15)	32	16)	18
17)	0	18)	7	19)	20	20)	0	21)	36	22)	24	23)	6	24)	12
25)	9	26)	28	27)	4	28)	18	29)	15	30)	1	31)	6	32)	12
33)	8	34)	9	35)	0	36)	8	37)	18	38)	0	39)	20	40)	24
41)	10	42)	21												

DAY 22

1)	0	2)	32	3)	5	4)	15	5)	9	6)	12	7)	24	8)	0
9)	28	10)	16	11)	6	12)	16	13)	6	14)	12	15)	8	16)	7
17)	0	18)	8	19)	8	20)	28	21)	4	22)	3	23)	0	24)	15
25)	24	26)	0	27)	14	28)	36	29)	6	30)	12	31)	0	32)	27
33)	32	34)	18	35)	0	36)	1	37)	0	38)	16	39)	4	40)	18
41)	9	42)	2												

DAY 23

1)	0	2)	5	3)	25	4)	45	5)	10	6)	15	7)	30	8)	30
9)	35	10)	40	11)	20	12)	10	13)	0	14)	15	15)	45	16)	5
17)	30	18)	10	19)	40	20)	35	21)	5	22)	15	23)	20	24)	20
25)	0	26)	25	27)	30	28)	5	29)	20	30)	35	31)	45	32)	15
33)	10	34)	35	35)	25	36)	40	37)	40	38)	0	39)	5	40)	35
41)	45	42)	15												

DAY 24

1)	40	2)	0	3)	25	4)	45	5)	10	6)	30	7)	20	8)	10
9)	25	10)	10	11)	30	12)	45	13)	0	14)	15	15)	5	16)	5
17)	30	18)	10	19)	45	20)	15	21)	10	22)	35	23)	25	24)	40
25)	0	26)	5	27)	30	28)	45	29)	20	30)	35	31)	40	32)	0
33)	5	34)	35	35)	15	36)	25	37)	40	38)	35	39)	5	40)	15
41)	20	42)	0												

DAY 25

1)	25	2)	30	3)	35	4)	45	5)	10	6)	15	7)	0	8)	5
9)	25	10)	15	11)	20	12)	20	13)	10	14)	30	15)	45	16)	5
17)	30	18)	10	19)	45	20)	15	21)	10	22)	0	23)	15	24)	40
25)	35	26)	25	27)	40	28)	5	29)	20	30)	35	31)	40	32)	0
33)	5	34)	0	35)	25	36)	30	37)	45	38)	35	39)	5	40)	35
41)	0	42)	15												

DAY 26

1)	35	2)	30	3)	45	4)	5	5)	30	6)	10	7)	45	8)	15
9)	10	10)	0	11)	20	12)	5	13)	40	14)	0	15)	5	16)	35
17)	25	18)	30	19)	25	20)	30	21)	40	22)	45	23)	10	24)	15
25)	0	26)	5	27)	25	28)	15	29)	45	30)	20	31)	35	32)	25
33)	40	34)	5	35)	20	36)	35	37)	40	38)	20	39)	10	40)	25
41)	10	42)	25												

DAY 27

1)	0	2)	30	3)	45	4)	21	5)	6	6)	16	7)	24	8)	0
9)	16	10)	15	11)	6	12)	27	13)	14	14)	12	15)	8	16)	40
17)	0	18)	8	19)	24	20)	28	21)	4	22)	3	23)	45	24)	10
25)	24	26)	0	27)	5	28)	25	29)	9	30)	12	31)	0	32)	36
33)	32	34)	20	35)	35	36)	7	37)	28	38)	18	39)	4	40)	12
41)	15	42)	2												

DAY 28

1)	20	2)	14	3)	9	4)	18	5)	9	6)	2	7)	24	8)	0
9)	5	10)	25	11)	6	12)	27	13)	0	14)	12	15)	32	16)	36
17)	35	18)	7	19)	8	20)	28	21)	4	22)	3	23)	45	24)	10
25)	12	26)	24	27)	8	28)	40	29)	0	30)	8	31)	18	32)	0
33)	16	34)	6	35)	35	36)	21	37)	0	38)	30	39)	45	40)	15
41)	4	42)	12												

DAY 29

1)	12	2)	48	3)	30	4)	24	5)	42	6)	36	7)	0	8)	6
9)	42	10)	54	11)	18	12)	6	13)	36	14)	48	15)	6	16)	24
17)	0	18)	12	19)	48	20)	42	21)	6	22)	54	23)	24	24)	54
25)	30	26)	36	27)	0	28)	12	29)	18	30)	42	31)	6	32)	18
33)	12	34)	42	35)	30	36)	48	37)	48	38)	30	39)	54	40)	24
41)	18	42)	36												

DAY 30

1)	0	2)	18	3)	6	4)	24	5)	36	6)	12	7)	0	8)	6
9)	42	10)	54	11)	18	12)	6	13)	48	14)	42	15)	54	16)	18
17)	36	18)	24	19)	12	20)	48	21)	30	22)	24	23)	42	24)	6
25)	24	26)	36	27)	12	28)	42	29)	30	30)	48	31)	24	32)	36
33)	54	34)	24	35)	18	36)	54	37)	18	38)	24	39)	30	40)	12
41)	48	42)	18												

DAY 31

1)	6	2)	18	3)	12	4)	42	5)	30	6)	54	7)	48	8)	30
9)	54	10)	0	11)	36	12)	24	13)	0	14)	6	15)	42	16)	48
17)	18	18)	54	19)	12	20)	48	21)	30	22)	24	23)	42	24)	6
25)	30	26)	36	27)	0	28)	12	29)	36	30)	42	31)	48	32)	42
33)	6	34)	54	35)	24	36)	30	37)	18	38)	12	39)	30	40)	12
41)	54	42)	18												

DAY 32

1)	18	2)	24	3)	36	4)	48	5)	42	6)	6	7)	24	8)	42
9)	6	10)	12	11)	48	12)	30	13)	6	14)	36	15)	12	16)	0
17)	54	18)	48	19)	12	20)	18	21)	42	22)	30	23)	6	24)	0
25)	54	26)	36	27)	6	28)	0	29)	24	30)	42	31)	0	32)	30
33)	48	34)	36	35)	18	36)	12	37)	42	38)	54	39)	18	40)	24
41)	12	42)	30												

DAY 33

1)	42	2)	7	3)	32	4)	20	5)	35	6)	12	7)	8	8)	28
9)	4	10)	3	11)	45	12)	14	13)	16	14)	10	15)	54	16)	18
17)	15	18)	2	19)	24	20)	0	21)	6	22)	25	23)	6	24)	48
25)	0	26)	30	27)	45	28)	15	29)	4	30)	24	31)	27	32)	12
33)	8	34)	40	35)	0	36)	9	37)	16	38)	0	39)	30	40)	5
41)	35	42)	21												

DAY 34

1)	36	2)	35	3)	12	4)	42	5)	7	6)	32	7)	54	8)	45
9)	16	10)	8	11)	6	12)	42	13)	20	14)	10	15)	54	16)	18
17)	9	18)	2	19)	24	20)	0	21)	14	22)	25	23)	6	24)	12
25)	15	26)	4	27)	24	28)	0	29)	30	30)	45	31)	40	32)	0
33)	8	34)	6	35)	28	36)	8	37)	5	38)	35	39)	21	40)	18
41)	0	42)	30												

DAY 35

1)	0	2)	63	3)	14	4)	42	5)	35	6)	7	7)	56	8)	35
9)	63	10)	21	11)	28	12)	49	13)	21	14)	14	15)	35	16)	49
17)	14	18)	42	19)	56	20)	0	21)	28	22)	21	23)	49	24)	28
25)	35	26)	49	27)	63	28)	14	29)	21	30)	7	31)	14	32)	56
33)	35	34)	28	35)	0	36)	42	37)	35	38)	7	39)	0	40)	63
41)	21	42)	49												

DAY 36

1)	49	2)	56	3)	35	4)	28	5)	0	6)	42	7)	14	8)	7
9)	0	10)	63	11)	21	12)	28	13)	0	14)	49	15)	56	16)	7
17)	42	18)	14	19)	56	20)	63	21)	0	22)	21	23)	28	24)	42
25)	35	26)	49	27)	56	28)	14	29)	63	30)	7	31)	42	32)	21
33)	14	34)	28	35)	35	36)	7	37)	56	38)	35	39)	63	40)	49
41)	21	42)	0												

DAY 37

1)	63	2)	56	3)	49	4)	21	5)	7	6)	0	7)	7	8)	42
9)	14	10)	28	11)	63	12)	42	13)	28	14)	7	15)	56	16)	21
17)	0	18)	63	19)	14	20)	56	21)	35	22)	49	23)	0	24)	21
25)	42	26)	49	27)	28	28)	21	29)	14	30)	56	31)	14	32)	21
33)	0	34)	49	35)	35	36)	14	37)	42	38)	35	39)	28	40)	7
41)	56	42)	63												

DAY 38

1)	56	2)	35	3)	63	4)	28	5)	21	6)	0	7)	14	8)	56
9)	35	10)	28	11)	0	12)	42	13)	0	14)	21	15)	14	16)	7
17)	35	18)	49	19)	63	20)	21	21)	28	22)	7	23)	42	24)	14
25)	35	26)	49	27)	0	28)	14	29)	21	30)	7	31)	56	32)	28
33)	63	34)	42	35)	28	36)	49	37)	42	38)	7	39)	0	40)	63
41)	21	42)	0												

DAY 39

1)	36	2)	7	3)	32	4)	20	5)	35	6)	12	7)	8	8)	6
9)	35	10)	54	11)	45	12)	10	13)	18	14)	15	15)	21	16)	16
17)	49	18)	48	19)	25	20)	4	21)	12	22)	24	23)	56	24)	6
25)	0	26)	30	27)	28	28)	15	29)	35	30)	12	31)	6	32)	24
33)	8	34)	40	35)	0	36)	14	37)	16	38)	0	39)	30	40)	5
41)	35	42)	27												

DAY 40

1)	40	2)	0	3)	8	4)	14	5)	9	6)	8	7)	5	8)	35
9)	24	10)	18	11)	0	12)	30	13)	63	14)	18	15)	9	16)	16
17)	42	18)	0	19)	20	20)	35	21)	12	22)	48	23)	7	24)	32
25)	54	26)	45	27)	10	28)	8	29)	0	30)	35	31)	20	32)	49
33)	36	34)	16	35)	15	36)	21	37)	24	38)	56	39)	6	40)	25
41)	6	42)	27												

DAY 41

1)	16	2)	8	3)	40	4)	32	5)	56	6)	48	7)	72	8)	48
9)	56	10)	72	11)	24	12)	8	13)	64	14)	24	15)	32	16)	8
17)	48	18)	16	19)	0	20)	56	21)	64	22)	24	23)	72	24)	32
25)	40	26)	72	27)	0	28)	16	29)	24	30)	56	31)	8	32)	32
33)	64	34)	56	35)	40	36)	8	37)	0	38)	40	39)	32	40)	72
41)	64	42)	48												

DAY 42

1)	72	2)	24	3)	8	4)	64	5)	48	6)	56	7)	32	8)	56
9)	48	10)	16	11)	0	12)	40	13)	72	14)	64	15)	24	16)	48
17)	16	18)	40	19)	8	20)	48	21)	16	22)	64	23)	24	24)	8
25)	24	26)	64	27)	32	28)	0	29)	56	30)	48	31)	16	32)	24
33)	56	34)	40	35)	8	36)	0	37)	56	38)	40	39)	8	40)	72
41)	32	42)	16												

DAY 43

1)	40	2)	72	3)	0	4)	16	5)	24	6)	56	7)	64	8)	24
9)	32	10)	8	11)	48	12)	16	13)	48	14)	0	15)	56	16)	40
17)	16	18)	8	19)	0	20)	40	21)	32	22)	72	23)	24	24)	64
25)	48	26)	16	27)	40	28)	64	29)	0	30)	72	31)	16	32)	8
33)	40	34)	32	35)	56	36)	48	37)	0	38)	56	39)	64	40)	24
41)	32	42)	16												

DAY 44

1)	32	2)	48	3)	56	4)	72	5)	24	6)	0	7)	64	8)	24
9)	72	10)	8	11)	48	12)	32	13)	16	14)	8	15)	40	16)	32
17)	56	18)	48	19)	64	20)	56	21)	8	22)	24	23)	32	24)	16
25)	0	26)	40	27)	64	28)	72	29)	48	30)	72	31)	24	32)	64
33)	40	34)	48	35)	16	36)	24	37)	40	38)	8	39)	0	40)	16
41)	72	42)	56												

DAY 45

1)	40	2)	0	3)	14	4)	6	5)	64	6)	8	7)	56	8)	72
9)	21	10)	18	11)	16	12)	30	13)	56	14)	18	15)	6	16)	24
17)	48	18)	0	19)	36	20)	35	21)	12	22)	42	23)	63	24)	32
25)	36	26)	45	27)	10	28)	8	29)	16	30)	35	31)	20	32)	49
33)	54	34)	18	35)	15	36)	21	37)	24	38)	9	39)	7	40)	25
41)	4	42)	12												

DAY 46

1)	9	2)	64	3)	5	4)	40	5)	0	6)	8	7)	18	8)	16
9)	30	10)	56	11)	40	12)	21	13)	72	14)	15	15)	4	16)	20
17)	49	18)	54	19)	25	20)	6	21)	27	22)	16	23)	40	24)	1
25)	0	26)	30	27)	28	28)	24	29)	63	30)	12	31)	24	32)	36
33)	0	34)	56	35)	18	36)	6	37)	42	38)	64	39)	32	40)	36
41)	35	42)	12												

DAY 47

1)	18	2)	72	3)	45	4)	36	5)	63	6)	54	7)	45	8)	0
9)	63	10)	9	11)	27	12)	81	13)	0	14)	27	15)	36	16)	9
17)	54	18)	81	19)	72	20)	63	21)	45	22)	27	23)	36	24)	54
25)	81	26)	9	27)	0	28)	18	29)	27	30)	63	31)	0	32)	81
33)	18	34)	63	35)	45	36)	54	37)	72	38)	45	39)	9	40)	0
41)	27	42)	36												

DAY 48

1)	81	2)	0	3)	45	4)	36	5)	63	6)	54	7)	18	8)	54
9)	63	10)	9	11)	72	12)	81	13)	72	14)	45	15)	9	16)	0
17)	27	18)	81	19)	63	20)	54	21)	45	22)	81	23)	18	24)	36
25)	0	26)	27	27)	81	28)	9	29)	54	30)	18	31)	72	32)	63
33)	9	34)	27	35)	36	36)	0	37)	36	38)	27	39)	18	40)	54
41)	45	42)	72												

DAY 49

1)	36	2)	63	3)	54	4)	18	5)	72	6)	45	7)	0	8)	27
9)	81	10)	54	11)	36	12)	63	13)	18	14)	81	15)	63	16)	45
17)	9	18)	0	19)	54	20)	45	21)	72	22)	0	23)	36	24)	81
25)	0	26)	81	27)	27	28)	72	29)	45	30)	9	31)	36	32)	18
33)	27	34)	81	35)	18	36)	45	37)	9	38)	54	39)	18	40)	0
41)	27	42)	9												

DAY 50

1)	0	2)	54	3)	9	4)	81	5)	54	6)	18	7)	72	8)	63
9)	9	10)	27	11)	36	12)	81	13)	27	14)	18	15)	45	16)	54
17)	81	18)	27	19)	18	20)	72	21)	45	22)	36	23)	63	24)	54
25)	36	26)	54	27)	63	28)	9	29)	72	30)	81	31)	0	32)	36
33)	18	34)	63	35)	45	36)	72	37)	45	38)	18	39)	9	40)	0
41)	36	42)	27												

DAY 51

1)	0	2)	28	3)	18	4)	24	5)	48	6)	12	7)	36	8)	72
9)	0	10)	56	11)	18	12)	6	13)	42	14)	56	15)	0	16)	27
17)	35	18)	12	19)	8	20)	8	21)	9	22)	54	23)	45	24)	10
25)	21	26)	64	27)	36	28)	40	29)	0	30)	32	31)	16	32)	16
33)	30	34)	56	35)	40	36)	21	37)	4	38)	15	39)	81	40)	20
41)	49	42)	54												

DAY 52

1)	0	2)	45	3)	9	4)	24	5)	36	6)	12	7)	36	8)	72
9)	0	10)	56	11)	18	12)	6	13)	42	14)	63	15)	0	16)	27
17)	35	18)	12	19)	8	20)	10	21)	32	22)	54	23)	45	24)	8
25)	6	26)	64	27)	45	28)	28	29)	0	30)	14	31)	18	32)	16
33)	30	34)	16	35)	40	36)	21	37)	4	38)	15	39)	81	40)	20
41)	49	42)	48												

DAY 53

1)	10	2)	30	3)	90	4)	70	5)	50	6)	80	7)	40	8)	100
9)	50	10)	0	11)	20	12)	30	13)	60	14)	0	15)	70	16)	90
17)	30	18)	100	19)	80	20)	70	21)	10	22)	30	23)	40	24)	90
25)	0	26)	40	27)	100	28)	10	29)	60	30)	20	31)	80	32)	50
33)	90	34)	80	35)	60	36)	100	37)	20	38)	80	39)	50	40)	40
41)	70	42)	50												

DAY 54

1)	50	2)	60	3)	70	4)	90	5)	30	6)	100	7)	0	8)	20
9)	50	10)	100	11)	90	12)	40	13)	0	14)	30	15)	10	16)	80
17)	60	18)	20	19)	80	20)	70	21)	10	22)	30	23)	40	24)	0
25)	10	26)	100	27)	20	28)	70	29)	60	30)	80	31)	40	32)	50
33)	90	34)	10	35)	30	36)	100	37)	20	38)	80	39)	50	40)	40
41)	70	42)	60												

DAY 55

1)	50	2)	10	3)	0	4)	20	5)	30	6)	70	7)	80	8)	50
9)	90	10)	60	11)	30	12)	40	13)	30	14)	20	15)	50	16)	100
17)	90	18)	80	19)	0	20)	90	21)	100	22)	10	23)	60	24)	20
25)	40	26)	60	27)	70	28)	90	29)	30	30)	100	31)	80	32)	70
33)	10	34)	60	35)	40	36)	0	37)	20	38)	80	39)	50	40)	40
41)	70	42)	60												

DAY 56

1)	90	2)	30	3)	100	4)	0	5)	60	6)	70	7)	100	8)	40
9)	30	10)	90	11)	20	12)	50	13)	10	14)	60	15)	20	16)	0
17)	30	18)	100	19)	30	20)	40	21)	60	22)	80	23)	70	24)	10
25)	70	26)	50	27)	80	28)	10	29)	0	30)	20	31)	90	32)	100
33)	40	34)	80	35)	50	36)	90	37)	40	38)	70	39)	60	40)	20
41)	80	42)	50												

DAY 57

1)	0	2)	36	3)	12	4)	24	5)	36	6)	4	7)	50	8)	18
9)	5	10)	56	11)	72	12)	0	13)	42	14)	35	15)	12	16)	27
17)	63	18)	100	19)	70	20)	80	21)	10	22)	54	23)	8	24)	28
25)	14	26)	0	27)	8	28)	40	29)	64	30)	45	31)	18	32)	16
33)	21	34)	64	35)	0	36)	30	37)	18	38)	49	39)	48	40)	40
41)	15	42)	81												

DAY 58

1)	24	2)	25	3)	18	4)	70	5)	60	6)	12	7)	20	8)	72
9)	0	10)	50	11)	18	12)	6	13)	27	14)	63	15)	100	16)	42
17)	35	18)	12	19)	54	20)	8	21)	48	22)	70	23)	40	24)	10
25)	16	26)	64	27)	45	28)	32	29)	0	30)	8	31)	56	32)	0
33)	30	34)	4	35)	80	36)	21	37)	40	38)	15	39)	81	40)	16
41)	49	42)	36												

DAY 59

1)	0	2)	44	3)	22	4)	77	5)	55	6)	88	7)	11	8)	55
9)	121	10)	99	11)	33	12)	66	13)	33	14)	22	15)	55	16)	110
17)	44	18)	99	19)	55	20)	11	21)	0	22)	121	23)	33	24)	77
25)	110	26)	66	27)	77	28)	99	29)	33	30)	0	31)	22	32)	88
33)	55	34)	44	35)	77	36)	66	37)	121	38)	110	39)	0	40)	11
41)	66	42)	99												

DAY 60

1)	22	2)	88	3)	55	4)	44	5)	77	6)	66	7)	110	8)	66
9)	77	10)	99	11)	33	12)	0	13)	121	14)	33	15)	0	16)	11
17)	66	18)	22	19)	88	20)	77	21)	11	22)	121	23)	44	24)	110
25)	55	26)	11	27)	0	28)	22	29)	33	30)	77	31)	0	32)	99
33)	44	34)	77	35)	55	36)	88	37)	121	38)	55	39)	99	40)	110
41)	33	42)	44												

DAY 61

1)	11	2)	66	3)	22	4)	121	5)	33	6)	0	7)	33	8)	44
9)	110	10)	88	11)	77	12)	11	13)	22	14)	33	15)	77	16)	55
17)	11	18)	0	19)	66	20)	121	21)	44	22)	99	23)	33	24)	110
25)	22	26)	88	27)	55	28)	44	29)	77	30)	66	31)	0	32)	99
33)	22	34)	77	35)	55	36)	88	37)	66	38)	55	39)	121	40)	99
41)	33	42)	110												

DAY 62

1)	0	2)	33	3)	22	4)	44	5)	77	6)	66	7)	88	8)	55
9)	121	10)	99	11)	110	12)	0	13)	33	14)	22	15)	55	16)	11
17)	66	18)	99	19)	88	20)	121	21)	11	22)	33	23)	110	24)	44
25)	55	26)	11	27)	0	28)	22	29)	99	30)	77	31)	22	32)	88
33)	55	34)	77	35)	121	36)	88	37)	44	38)	66	39)	77	40)	99
41)	110	42)	33												

DAY 63

1)	18	2)	80	3)	12	4)	24	5)	45	6)	28	7)	0	8)	49
9)	54	10)	22	11)	99	12)	5	13)	90	14)	14	15)	6	16)	27
17)	56	18)	100	19)	42	20)	36	21)	12	22)	81	23)	8	24)	35
25)	70	26)	40	27)	33	28)	88	29)	64	30)	24	31)	11	32)	0
33)	8	34)	72	35)	0	36)	30	37)	63	38)	32	39)	21	40)	40
41)	15	42)	81												

DAY 64

1)	54	2)	8	3)	35	4)	70	5)	40	6)	33	7)	88	8)	64
9)	27	10)	11	11)	0	12)	8	13)	18	14)	0	15)	30	16)	18
17)	80	18)	21	19)	40	20)	15	21)	81	22)	0	23)	49	24)	12
25)	24	26)	77	27)	12	28)	90	29)	56	30)	6	31)	24	32)	45
33)	28	34)	110	35)	60	36)	12	37)	56	38)	99	39)	20	40)	50
41)	18	42)	6												

DAY 65

1)	96	2)	60	3)	108	4)	120	5)	36	6)	144	7)	24	8)	96
9)	60	10)	48	11)	84	12)	72	13)	144	14)	132	15)	84	16)	108
17)	36	18)	0	19)	48	20)	24	21)	60	22)	0	23)	12	24)	72
25)	120	26)	36	27)	108	28)	12	29)	72	30)	24	31)	96	32)	84
33)	12	34)	132	35)	48	36)	120	37)	12	38)	144	39)	24	40)	84
41)	60	42)	96												

DAY 66

1)	24	2)	96	3)	60	4)	48	5)	84	6)	72	7)	48	8)	72
9)	144	10)	108	11)	36	12)	0	13)	108	14)	36	15)	12	16)	132
17)	72	18)	24	19)	96	20)	84	21)	12	22)	120	23)	48	24)	144
25)	60	26)	12	27)	0	28)	24	29)	108	30)	84	31)	120	32)	36
33)	24	34)	84	35)	60	36)	96	37)	72	38)	60	39)	108	40)	0
41)	132	42)	36												

DAY 67

1)	24	2)	36	3)	84	4)	48	5)	144	6)	72	7)	84	8)	60
9)	96	10)	108	11)	120	12)	0	13)	108	14)	132	15)	36	16)	12
17)	72	18)	24	19)	0	20)	12	21)	72	22)	144	23)	48	24)	60
25)	24	26)	96	27)	60	28)	108	29)	12	30)	96	31)	72	32)	48
33)	84	34)	132	35)	36	36)	120	37)	0	38)	36	39)	12	40)	96
41)	60	42)	108												

DAY 68

1)	60	2)	24	3)	96	4)	132	5)	24	6)	60	7)	120	8)	72
9)	84	10)	12	11)	36	12)	144	13)	0	14)	108	15)	12	16)	96
17)	60	18)	108	19)	48	20)	84	21)	72	22)	36	23)	144	24)	48
25)	108	26)	36	27)	0	28)	24	29)	120	30)	84	31)	12	32)	72
33)	24	34)	132	35)	60	36)	96	37)	48	38)	36	39)	120	40)	96
41)	84	42)	12												

DAY 69

1)	24	2)	77	3)	132	4)	90	5)	56	6)	6	7)	24	8)	45
9)	18	10)	80	11)	144	12)	12	13)	56	14)	110	15)	30	16)	24
17)	84	18)	21	19)	40	20)	15	21)	81	22)	0	23)	49	24)	54
25)	72	26)	99	27)	0	28)	50	29)	18	30)	48	31)	27	32)	121
33)	100	34)	42	35)	35	36)	12	37)	60	38)	0	39)	72	40)	70
41)	40	42)	33												

DAY 70

1)	24	2)	80	3)	56	4)	77	5)	12	6)	90	7)	24	8)	12
9)	144	10)	45	11)	16	12)	70	13)	121	14)	18	15)	84	16)	0
17)	30	18)	14	19)	40	20)	0	21)	49	22)	15	23)	81	24)	0
25)	72	26)	20	27)	18	28)	99	29)	0	30)	50	31)	27	32)	42
33)	32	34)	48	35)	100	36)	54	37)	60	38)	20	39)	40	40)	8
41)	35	42)	72												

DAY 71

1)	26	2)	104	3)	65	4)	52	5)	91	6)	78	7)	156	8)	78
9)	91	10)	117	11)	39	12)	0	13)	169	14)	39	15)	143	16)	13
17)	78	18)	26	19)	104	20)	117	21)	13	22)	39	23)	52	24)	130
25)	65	26)	52	27)	0	28)	26	29)	143	30)	91	31)	169	32)	39
33)	26	34)	91	35)	65	36)	104	37)	156	38)	65	39)	117	40)	13
41)	130	42)	52												

DAY 72

1)	52	2)	169	3)	0	4)	26	5)	130	6)	91	7)	13	8)	39
9)	52	10)	91	11)	65	12)	104	13)	156	14)	65	15)	117	16)	78
17)	143	18)	39	19)	130	20)	26	21)	65	22)	117	23)	13	24)	39
25)	26	26)	104	27)	65	28)	52	29)	91	30)	78	31)	156	32)	78
33)	91	34)	117	35)	39	36)	0	37)	169	38)	104	39)	52	40)	13
41)	78	42)	26												

DAY 73

1)	169	2)	52	3)	26	4)	91	5)	65	6)	143	7)	104	8)	65
9)	117	10)	78	11)	39	12)	0	13)	39	14)	26	15)	65	16)	156
17)	13	18)	130	19)	26	20)	104	21)	65	22)	52	23)	91	24)	78
25)	52	26)	13	27)	0	28)	26	29)	104	30)	91	31)	78	32)	52
33)	91	34)	117	35)	39	36)	0	37)	169	38)	39	39)	130	40)	13
41)	78	42)	117												

DAY 74

1)	52	2)	91	3)	78	4)	26	5)	104	6)	65	7)	117	8)	130
9)	0	10)	78	11)	156	12)	91	13)	0	14)	78	15)	26	16)	169
17)	39	18)	13	19)	143	20)	52	21)	0	22)	104	23)	117	24)	13
25)	130	26)	39	27)	91	28)	65	29)	13	30)	0	31)	91	32)	65
33)	104	34)	169	35)	156	36)	26	37)	117	38)	52	39)	39	40)	104
41)	78	42)	117												

DAY 75

1)	24	2)	120	3)	8	4)	77	5)	12	6)	78	7)	169	8)	24
9)	144	10)	45	11)	18	12)	21	13)	6	14)	28	15)	84	16)	0
17)	30	18)	26	19)	40	20)	121	21)	49	22)	15	23)	81	24)	0
25)	72	26)	50	27)	18	28)	99	29)	0	30)	13	31)	91	32)	66
33)	33	34)	56	35)	100	36)	42	37)	60	38)	88	39)	40	40)	8
41)	35	42)	70												

DAY 76

1)	27	2)	99	3)	0	4)	4	5)	72	6)	50	7)	64	8)	144
9)	100	10)	18	11)	91	12)	42	13)	40	14)	6	15)	35	16)	110
17)	60	18)	28	19)	0	20)	49	21)	45	22)	65	23)	88	24)	96
25)	56	26)	77	27)	9	28)	78	29)	24	30)	90	31)	144	32)	36
33)	10	34)	70	35)	169	36)	25	37)	84	38)	0	39)	30	40)	24
41)	36	42)	18												

ABOUT THE AUTHOR

Karolyn Morris ("Karol") holds a Bachelor of Arts in Mathematics and a Master of Arts in Teaching Mathematics degrees and has been an educator for over 25 years. Her experience includes high school, K-12 charter school, and college math instruction.

Karol has a wide range of K-12 teaching experience, including high school, independent study, and assisting parents with homeschooling their K-12 children. She has held full-time faculty positions at Maui Community College (as a Developmental Mathematics Instructor) and North Georgia Technical College, teaching both learning support and college-level math courses. She has also taught online as Adjunct Math Faculty for a variety of colleges and universities.

Karol creates math videos, workbooks, and online courses to help students learn mathematics globally. Join Karol's newsletter to hear about new and upcoming releases, as well as participate in free book giveaways. Send an email titled "Free Stuff" to

karol@lastminutemathtutoring.com

JOIN MY NEWSLETTER

Get your FREE copy of Division Math Drills (Tests with Answers)

https://BookHip.com/VAPDWW

Daily timed math drills provide the repetition needed to memorize math facts and develop math fluency. This book contains 14 days of timed division worksheets (covering 0-13 division facts). All answer keys are included.

NOTES

Made in the USA
Coppell, TX
12 September 2026

89817878R00062